住房和城乡建设部"十四五"规划教材

高等学校给排水科学与工程专业新形态系列教材

给 水 管 网

钟 丹 编

马 军 主审

中国建筑工业出版社

图书在版编目（CIP）数据

给水管网 / 钟丹编. —北京：中国建筑工业出版社，2023.10

住房和城乡建设部"十四五"规划教材 高等学校给排水科学与工程专业新形态系列教材

ISBN 978-7-112-29335-3

Ⅰ. ①给… Ⅱ. ①钟… Ⅲ. ①给水管道—管网—高等学校—教材 Ⅳ. ① TU991.36

中国国家版本馆 CIP 数据核字（2023）第 215780 号

本书系统地阐述城市给水管网的基础理论、设计计算方法、运行维护管理及计算机应用等方面的专业内容。本书是一部"数字化"教材，含纳课程 MOOC、课程知识图谱、课后题等丰富的教学资源。本书紧密结合规范标准，立足于应用，注重理论与工程实践相结合。

本书可作为高等学校给排水科学与工程、环境科学与工程等专业教材，可作为从事城市给水管道系统规划、设计、施工和管理等人员的参考书，也可供给水排水等相关专业技术人员参加职业资格考试复习之用。

为了便于教学，作者特别制作了配套课件，任课教师可以通过如下途径申请：
1. 邮箱：jckj@cabp.com.cn，12220278@qq.com
2. 电话：（010）58337285
3. 建工书院：http://edu.cabplink.com

责任编辑：吕　娜　王美玲
责任校对：芦欣甜
校对整理：张惠雯

住房和城乡建设部"十四五"规划教材
高等学校给排水科学与工程专业新形态系列教材

给 水 管 网

钟 丹 编
马 军 主审

*

中国建筑工业出版社出版、发行（北京海淀三里河路 9 号）
各地新华书店、建筑书店经销
北京建筑工业印刷有限公司制版
廊坊市海涛印刷有限公司印刷

*

开本：787 毫米×1092 毫米 1/16 印张：13¾ 字数：326 千字
2024 年 2 月第一版 2024 年 2 月第一次印刷
定价：**46.00** 元（附数字资源，赠教师课件）

ISBN 978-7-112-29335-3
（41937）

出 版 说 明

党和国家高度重视教材建设。2016年，中办国办印发了《关于加强和改进新形势下大中小学教材建设的意见》，提出要健全国家教材制度。2019年12月，教育部牵头制定了《普通高等学校教材管理办法》和《职业院校教材管理办法》，旨在全面加强党的领导，切实提高教材建设的科学化水平，打造精品教材。住房和城乡建设部历来重视土建类学科专业教材建设，从"九五"开始组织部级规划教材立项工作，经过近30年的不断建设，规划教材提升了住房和城乡建设行业教材质量和认可度，出版了一系列精品教材，有效促进了行业部门引导专业教育，推动了行业高质量发展。

为进一步加强高等教育、职业教育住房和城乡建设领域学科专业教材建设工作，提高住房和城乡建设行业人才培养质量，2020年12月，住房和城乡建设部办公厅印发《关于申报高等教育职业教育住房和城乡建设领域学科专业"十四五"规划教材的通知》（建办人函〔2020〕656号），开展了住房和城乡建设部"十四五"规划教材选题的申报工作。经过专家评审和部人事司审核，512项选题列入住房和城乡建设领域学科专业"十四五"规划教材（简称规划教材）。2021年9月，住房和城乡建设部印发了《高等教育职业教育住房和城乡建设领域学科专业"十四五"规划教材选题的通知》（建人函〔2021〕36号）。为做好"十四五"规划教材的编写、审核、出版等工作，《通知》要求：（1）规划教材的编著者应依据《住房和城乡建设领域学科专业"十四五"规划教材申请书》（简称《申请书》）中的立项目标、申报依据、工作安排及进度，按时编写出高质量的教材；（2）规划教材编著者所在单位应履行《申请书》中的学校保证计划实施的主要条件，支持编著者按计划完成书稿编写工作；（3）高等学校土建类专业课程教材与教学资源专家委员会、全国住房和城乡建设职业教育教学指导委员会、住房和城乡建设部中等职业教育专业指导委员会应做好规划教材的指导、协调和审稿等工作，保证编写质量；（4）规划教材出版单位应积极配合，做好编辑、出版、发行等工作；（5）规划教材封面和书脊应标注"住房和城乡建设部'十四五'规划教材"字样和统一标识；（6）规划教材应在"十四五"期间完成出版，逾期不能完成的，不再作为《住房和城乡建设领域学科专业"十四五"规划教材》。

住房和城乡建设领域学科专业"十四五"规划教材的特点，一是重点以修订教育部、住房和城乡建设部"十二五""十三五"规划教材为主；二是严格按照专业标准规范要求编写，体现新发展理念；三是系列教材具有明显特点，满足不同层次和类型的学校专业教学要求；四是配备了数字资源，适应现代化教学的要求。规划教材的出版凝聚了作者、主审及编辑的心血，得到了有关院校、出版单位的大力支持，教材建设管理过程有严格保障。希望广大院校及各专业师生在选用、使用过程中，对规划教材的编写、出版质量进行反馈，以促进规划教材建设质量不断提高。

住房和城乡建设部"十四五"规划教材办公室
2021 年 11 月

前　言

　　给水管网是城市重要的基础设施之一，是城市水系统的重要组成部分。在给水系统中，给水管网是保证供水到用户的重要环节，占工程总投资的 70% 左右，是给水系统中投资最大的一个子系统，受到给水排水工程建设、管理、运营和研究部门的高度重视。

　　按照高等学校给排水科学与工程专业教学指导分委员会的指导精神，本教材注重内容的系统性，注重理论联系实际，遵循最新颁布的国家规范和标准的要求，全面引入国内外新理论、新技术，培养能够在市政工程领域引领未来发展的拔尖创新人才。

　　本教材共 11 章，主要包括：给水系统概论；设计用水量；给水系统流量、水压关系；给水管网的规划与布置；给水管网计算基础；给水管网水力计算；给水管网优化计算；分区给水系统；给水管材及附属设施；给水管网运行管理与维护改造；给水管网的计算机应用等内容。本教材是一部"数字化"教材，含纳课程 MOOC、课程知识图谱、课后题等丰富的教学资源。

　　本教材由哈尔滨工业大学钟丹教授编，主审为哈尔滨工业大学马军院士。本教材参考了大量图书和文献，其中的主要参考文献附于书后。编者对所有著作、教材等资料的作者表示诚挚的感谢。

　　由于编者水平有限，书中难免存在缺点和错误，恳请读者批评指正。

编　者

2023 年 6 月

目 录

给水管网课程知识图谱

第1章 给水系统概论

- ☐ 给水系统概述
- ☐ 给水系统形式

内容 / 分节标题
- 1.1 给水系统的分类及要求
- 1.2 给水系统的组成

第2章 设计用水量

- ☐ 用水量组成
- ☐ 用水量定额与变化

内容 / 分节标题
- 2.1 用水量组成
- 2.2 用水量定额及计算
- 2.3 用水量变化

设 计 基 础

第3章 给水系统流量、水压关系

- ☐ 给水系统各构筑物的流量设计
- ☐ 调节构筑物的容积计算
- ☐ 给水系统的压力和水泵扬程

内容 / 分节标题
- 3.1 给水系统各构筑物的流量关系
- 3.2 给水系统的水压关系

第4章 给水管网的规划与布置

- ☐ 合理布设给水管网
- ☐ 输水管渠的设置

内容 / 分节标题
- 4.1 给水管网的规划
- 4.2 给水管网的布置原则及形式
- 4.3 给水管网的定线
- 4.4 输水管渠的定线

（给水管网计算核心原理）

第5章 给水管网计算基础

- ☐ 管网的拓扑结构分析
- ☐ 管道设计及计算原理

内容 / 分节标题
- 5.1 给水管网计算的目标及步骤
- 5.2 给水管网图形与简化
- 5.3 管段流量
- 5.4 管径计算
- 5.5 水头损失计算
- 5.6 管网计算基础方程

分 析 计 算

第6章 给水管网水力计算

- ☐ 管网平差的原理与约束条件
- ☐ 管网水力计算
- ☐ 管网计算结果的校核与整理

内容 / 分节标题
- 6.1 树状网水力计算
- 6.2 环状网水力计算原理
- 6.3 环状网水力计算方法
- 6.4 多水源管网水力计算
- 6.5 管网的核算条件
- 6.6 计算结果整理
- 6.7 输水管渠的计算
- 6.8 给水管道工程图

第7章 给水管网优化计算

- ☐ 管网的优化计算原理
- ☐ 管网的技术经济计算流程
- ☐ 管网的近似优化

内容 / 分节标题
- 7.1 管网优化计算的基础式
- 7.2 输水管的技术经济计算
- 7.3 环状管网的技术经济计算
- 7.4 管网的近似优化计算

第8章 分区给水系统

- ☐ 利用分区给水进行管网低耗运行
- ☐ 分区给水的计算分析与比选

内容 / 分节标题
- 8.1 分区给水的形式
- 8.2 分区给水的能量分析
- 8.3 分区给水形式的选择

给水管网课程知识图谱

（给水管网运维及应用）

第9章　给水管材及附属设施

内容

分节标题
9.1　给水管材
9.2　给水管网配件和附件
9.3　给水管道敷设
9.4　给水管网附属构筑物

第10章　给水管网运行管理与维护改造

内容

分节标题
10.1　给水管网信息
10.2　管网水压和流量的测定
10.3　管网检漏
10.4　管道防腐和修复
10.5　给水管网建模
10.6　给水管网水质安全保障
10.7　给水管网安全、低耗、智慧运行

第11章　给水管网的计算机应用

- ☐ 各类平差方法原理及程序编写
- ☐ EPANET及拓展工具应用
- ☐ 环状网初值设置流程

内容

分节标题
11.1　哈代-克罗斯法
11.2　管段方程组法
11.3　流量初步分配方法
11.4　给水管网的软件计算

运行维护及应用

给水管网

主讲教师：钟丹

哈尔滨工业大学

给水管网

哈尔滨工业大学

可结合教材和MOOC共同学习，课程对应MOOC详见"学堂在线"《给水管网》。

第1章
给水系统概论

人体的含水量约占体重的 60%～70%，新生儿所占比例更高，能达到 80%，胎儿期甚至 90%，可见，从我们生命开始的那一刻，我们就要摄取一定量的水，来维持生命，维持身体的平衡状态。在古代，人们一般选择靠近水源的地方生活，我们把这称为依水而居、傍水而居。随着人类的不断繁衍，包括近水聚居地的发展，使得水资源不能再满足人们的需求，这时人们就要被迫到远离水源的地方生活，那如何把水送到人们生活的地方呢？

大家想了很多办法，其中一个是就地取水，比如，在地下水丰沛的居住地就近打井，我国的《清明上河图》中就有人们从水井打水的画面。我国发现的最早的水井，位于长江下游的浙江余姚河姆渡遗址第二文化层，距今约 5700 年。

显然，离水近的人家就方便了，离得远的就比较麻烦了，需要挑水，所以在唐宋甚至更早的时候也衍生了"人工送水"的服务。但是这种人工的方式效率很低，慢慢地，人们也尝试了更高效的途径把水输送到生活区域，比如水渠，唐朝的时候明渠多一些，在现代也修建明渠，比如，在被誉为"超级工程"的南水北调工程中，就有一段 1400 多千米的明渠。明渠的问题是由于它在地表，水容易受到污染，因此人们也会修建暗渠。

我们都知道新疆吐鲁番是远近闻名的葡萄和瓜果之乡，那儿的水果甜美、满园飘香，所谓水果，自然也离不开水的灌溉与滋润，而新疆又非常炎热干燥，降水很少蒸发又很大，那水从何而来呢？坎儿井。坎儿井已经有 2000 多年的历史了，它是人们根据当地的气候、水文等生态条件所创造的一种特殊的水利工程。坎儿井由竖井、地下暗渠、明渠、涝坝等组成，它吸纳的是来自西北面的天山山脉的冰雪融水，把水保存在几十米深的地下暗渠输送，这就避免了水源在地表流淌，因炎热、狂风所造成的大量蒸发，后面再流到明渠来灌溉，或者存储在涝坝，供人们来取水。所以这是一个充满智慧的、巧夺天工的设计。

古代从远处引水的水渠很多，隋唐长安城的龙首渠、元大都的金水河，都很好地解决了当时城市的供水问题。东周阳城，位于现在的河南登封市告城镇附近。阳城内的陶水管道，配有澄水池和阀门坑，是我国目前发现的比较完整的一套东周战国时期的供水设施。

还有古罗马，一提到古罗马，我们首先会想到标志性的古罗马建筑，优雅的拱门和那些高于地面的供水建筑，它们穿过干旱河谷把水输送到城市。古罗马的引水渠，古罗马桥梁、拱廊、高架桥，高于地面造价昂贵、也是输水薄弱环节，这样建大多是迫于地形的原因。水总是润物无声的，有些基础建筑甚至常常会被遗忘在喧嚣的城市中，所以，在引水渠进入罗马城的地方，又修建了拱廊装饰，在广场还建了华丽的喷泉。

大多数情况下，水就这样悄无声息地流入现代化的城市。很显然，用过的水必须要排出去，大部分废水就流入排水沟，更多的排水沟相互连通，就慢慢诞生了下水道系统。

我国安阳殷墟遗址出土的陶三通，就是当时的人们所使用的排水管道，距今已有 3000 多年的历史，当时的排水管道不论是外形还是功用，都和现在的水管有着异曲同工之处。

人和动物的粪便也是需要经过妥善处理的，人们通常会把粪便收集运输到农田作为肥料使用，其实这种方式不论在古代还是现代，都是一种比较绿色的处理方式。开始是人工的方式来运输粪便，后来为了提高效率，人们会使用快速流动的人工水渠等方式。

可以说，这是最初的城市水系统的雏形，也就是通过管网将输配水系统、排水系统形成一个完整的水系统，在这个过程我们完成了水的输送和排放。

实际上，粪便以及人们使用后的污水的排放，会经常影响水源的水质，因此，人们也逐渐开始更多地关注水质的问题。

1831 年，霍乱首次袭击英国伦敦，当时的人们以为是传染性气体所引起的，当然，现在我们已经知道，霍乱是感染了霍乱弧菌的人体粪便通过受污染的水或食物传播的。

直到 1848 年，霍乱再次暴发，伦敦的医生斯诺，绘制了一个受害者的分布图，这个图显示，这些病人都曾喝过同一口井的水，这样就建立了霍乱和污染的饮用水之间的关系，最后把井的手柄移除掉，迫使居民去别的地方取水，遏制住了霍乱的进一步蔓延。实际上，这个井水当时是受到了井旁边的一个粪坑的污染。

这次水井的事件为流行病学提供了一个精彩的开场白，这个故事也出现在生物学、公共卫生学等课程中，那么这个事件对城市的水系统，城市的水利基础设施又带来了什么样的思考呢？

人们在第二次霍乱暴发时采用的是截断污染的方式处理，但是粪便污染水源这个问题其实并没有得到实质性的解决。所以后来，人们就考虑把取水口前移，移到生活污水排放口的上游，其实我们现在的城市在选择取水位置的时候也是要尽量在上游取水。当然，现在看来，不论从哪里排，这种污水直接排放的方式，都是非常不环保的，但是在当时毕竟解决了整个城市废水向外输送的问题。

取水口前移只能解决一部分问题，由于城市在不停地发展，更多的污水在污染着河流的上游。污水中大部分有毒物质都处于还原态，还原物质的氧化会消耗水中的氧气，这是与污水排放有关的最突出的问题之一，一旦排放的耗氧物质过多，水中的溶解氧被耗尽，需氧的水生生物就会窒息而死，产生一系列水质问题，好在水在流动的过程中，大气中的氧气可以不断补充进来，而对于不流动的水体，水中溶解氧的恢复就会比较慢，正所谓流水不腐，同时一些支流的汇入会使污水大幅度地稀释。所以当时，人们都认为水体的自净作用可以足够解决污水所带来的河流污染，然而事实证明，即使被污染的河水流经了我们认为安全的距离，仍然具有能够致病的水质风险。

所以，另一种有效的途径就是安装水处理系统。首先被提出来的是过滤，当时修建了很多水过滤厂，能够有效地去除水中的悬浮颗粒物、恶臭。人们通过污水生物处理的实验发现，改善水质的并不是过滤器本身，而是生活在过滤器上的微生物，它们主要附着在过滤器表面形成的生物膜上，是一种凝胶状的物质，水中致病菌这类细小的颗粒物，就是通过生物膜去除掉的。由于生物膜减缓了水流过过滤器的速度，这种过滤器也被称为慢砂过滤器，这种过滤器现在也仍在使用。

大家很快会想到，这种过滤器的一个问题就是：堵，所以就需要后期的维护，需要多组过滤器轮换工作，来满足清洗、更换等需要。砂滤器还有两个主要的问题：第一，占地面积大，第二，如果水中的悬浮颗粒物较多，那么很容易失效。早期的慢砂过滤器去除黏土颗粒很困难，因为黏土表面正价的氢离子容易通过电离作用流失，带负电，而生物膜也是带负电的，同性相斥，而且细小的黏土颗粒在水中沉淀的速度很慢，导致处理效果不好。

为了有效地解决实际中面临的这个问题，自来水公司的工程师们开发了一种新的水处理工艺。通过向水中添加一些化学物质，来克服同性电荷的排斥力，并且使得细小的黏土颗粒通过相互吸附而变得更大，加速沉淀，后来也被很多水厂使用，这种物质叫明矾。这类化学物质除了明矾，还有金属盐。对于这方面的研究一直延续至今。

后来又发展了更新的工艺，包括把明矾加入快速搅拌的混合池当中，使得细小的絮状物相互碰撞，更好地粘合，形成更大的絮状物。然后清水流出，絮状物沉淀在池底通过砂滤器去除。

过滤在当时的使用非常广泛，也大大地提升了水质，但是在一些水污染严重的地方，过滤还是阻止不了疾病的暴发，那在这些地方的人们怎么办呢？科学家们提出了一种新的认识，过滤是通过去除水中的致病菌而拯救了生命，也许，通过杀灭水中的致病微生物，同样可以获得安全的饮用水，这种工艺叫做消毒或灭菌。人们尝试了很多方法，最后发现了氯气，把氯气溶入水中形成液氯，这也是一直沿用至今的、使用非常广泛的一种消毒剂。

可以说这是城市水系统的第二个时代，在这个时代中，水的过滤技术和氯化消毒技术相结合，被誉为世界重要的工程壮举，彻底改变了城市的水系统。

开辟新水源和水处理工艺的使用有效地保障了饮水安全，减少了水传播疾病的发生，但是由污水所带来的恶臭仍然无法消除；同时，不断增加的污水负荷对河流水质产生越来越大的影响，水污染的问题引起了人们越来越多的关注。

人们发现不能仅仅依靠水体自净解决污水问题，开始兴建污水处理厂，这可以称为第三次城市水处理基础设施的革命。最初的污水处理厂是为了消除因溶解氧损耗而引发的恶臭，随着人口增长城市发展，我们需要更复杂的污水处理厂，慢慢开发出来微生物净化污水的技术。后来，人们又发现，还必须去除水中的营养成分等物质。污水处理技术也在一直不断发展。

到现在，城市的水系统在朝向更加健康的循环发展。

图 1-1 所示为给水排水系统示意图，本书所涉及的是城市水系统中的一部分——给水管网工程。

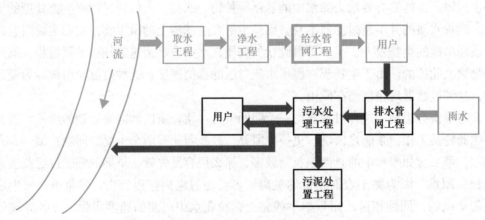

图 1-1　给水排水系统示意图

1.1　给水系统的分类及要求

给水系统是保证城市、工矿企业等用水的各项构筑物和输配水管网所组成的系统。根据系统的性质，可分类如下：

1. 按供水使用目的进行分类

按供水使用目的，给水系统分为生活给水系统、生产给水系统和消防给水系统。也可有多种使用目的，如生活－生产给水系统。

给水系统应能保障水量、水压和水质的要求，及时可靠地提供满足用户需求的水量，同时符合标准的水压和水质要求。

（1）生活给水系统

提供生活用水的给水系统，包括供给居住建筑、公共建筑、生活福利设施等的生活用水，洗涤、烹饪、清洁、卫生以及工业企业内部职工生活和淋浴用水等。

地理位置、季节、供水方式、收费标准、居住条件、生活卫生器具的完备程度等都会影响生活用水量的大小。

按照《城市给水工程规划规范》GB 50282—2016 的基本规定，各地城市应结合城市规划布局，按供水服务范围和直接供水的建筑层数，来确定供水管网用户接管点处的最小服务水头。用户接管点处的最小服务水头按照：一层 10m，二层 12m，二层以上每增加 1 层增加 4m。有条件的城市，可以适当地提高供水水压，满足用户接管点处服务水头 28m 的要求，相当于将水送至六层楼所需的最小水头，以保证六层住宅由城市水厂直接供水或由管网中加压泵站加压供水，从而多层住宅建筑屋顶上可不设置水箱，降低水质污染的风险。

需要注意的是，这里的水压规定，不包括个别的水压要求很高的特殊用户，如高层、工厂，这些用户对水压的要求是通过自行加压来解决的，需要依据二次供水及建筑给水排水等相关规程及标准来确定水压。

城市给水工程规划中的生活饮用水水质应符合现行国家标准《生活饮用水卫生标准》GB 5749—2022 的规定，该标准是国家制定的关于生活饮用水水质的强制性标准，城市生活饮用水水质均应符合该标准。其他类别用水水质应符合国家现行相应水质标准的规定。

（2）生产给水系统

提供工业生产用水的给水系统，包括工业企业生产过程中的工艺用水和冷却用水。比如发电厂的汽轮机、钢铁厂、高炉等的冷却水，锅炉蒸汽用水，纺织厂和造纸厂的洗涤、空调、印染用水等。

随着地理位置、生产工艺、生产规模、产品种类的不同，生产用水的水量、水压、水质也都有很大的差异。

（3）消防给水系统

供给消防用水的给水系统，用于扑灭火灾，只有发生火灾时才进行供给。

消防用水的水量、水压都应该按照《消防给水及消火栓系统技术规范》GB 50974—2014、《建筑设计防火规范》GB 50016—2014 等国家现行标准和规范来执行。在进行管网水力计算的时候，涉及消防校核，其过程也与消防水量、水压有关。消防用水对水质没有特殊的要求。

2. 按水源种类进行分类

按水源种类，给水系统分为地表水源给水系统（江河、湖泊、水库、海洋给水系统）和地下水源给水系统（潜水、承压水、泉水给水系统）。

地下水水质较好，有时不需要处理，或者经过简单的处理就可使用，而地表水一般不能直接使用，需要进行适当的处理，达到各类用水标准方可使用，但地表水的水量更为充沛。

3. 按供水能量提供方式进行分类

按供水能量提供方式，给水系统分为重力给水系统（又称自流式给水系统）、压力给水系统（又称水泵给水系统）和混合给水系统（又称重力-压力结合供水系统）。

当水源位置高于给水区，具有足够的水压可以直接供给用户时，可采用重力管渠输水。重力给水系统无动力消耗，可实现有效的节能。

当水源位置低于给水区，要采用泵站加压输水，根据地形高差、管线长度和水管承压能力等情况，有时还要在输水途中再设置加压泵站。

在整个给水系统中，部分靠压力给水，部分靠重力给水，是混合给水系统。

4. 按供水服务对象进行分类

按供水服务对象，给水系统分为城市给水系统和工业给水系统。

城市给水系统的服务对象是城市的生活、生产和消防用水。

工业给水系统的服务对象是工矿企业。工业给水系统又分为直流系统、循环系统和复用系统等。

5. 按水源数目进行分类

按水源数目，分为单水源给水系统和多水源给水系统。

单水源给水系统仅由一个供水水源进行供水。企业或小城镇给水系统多为单水源给水系统。

多水源给水系统由多个供水水源进行供水。清水池、水塔、高地水池等均可作为供水水源。大中城市或跨城镇的给水系统，一般是多水源给水系统。多水源供水需注意各水源之间的流量分配。

6. 按给水系统布置形式进行分类

按给水系统布置形式，分为统一给水系统、分质给水系统和分区给水系统等。

统一给水系统中只有一个管网，管网不分区，统一供应生活、生产和消防等各类用水，其供水具有统一的水压、水质。

分质给水系统按照供水区域内不同用户各自的水质要求，采用不同供水水质分别供水。

分区给水系统将给水管网划分为多个区域，对不同区域实行相对独立的供水，各区域管网具有独立的供水泵站，供水具有不同的水压。分区给水系统可以降低平均供水压力，避免局部水压过高的现象，减少漏水量，降低爆管概率和泵站能量的浪费。分区给水系统可分为并联分区和串联分区，如图1-2、图1-3所示。串联分区设多级泵站加压供水；并联分区按不同压力的要求，各区域由不同泵站或泵站中不同水泵分别供水。

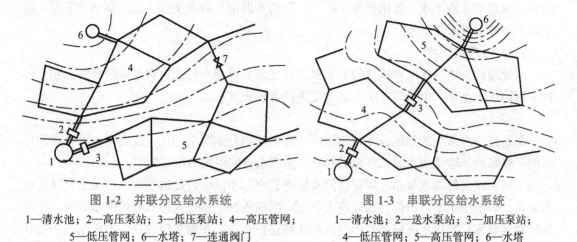

图1-2　并联分区给水系统　　　　　　　图1-3　串联分区给水系统

1—清水池；2—高压泵站；3—低压泵站；4—高压管网；　　1—清水池；2—送水泵站；3—加压泵站；

5—低压管网；6—水塔；7—连通阀门　　　　　　　4—低压管网；5—高压管网；6—水塔

依据给水系统的分类方式，可以从不同角度描述某一具体的给水系统。例如，某个水泵供水的城镇供水系统取自地表水源，可以称之为"城镇地表水压力给水系统"等。

需要注意的是，由于给水系统分类的主要目的是描述方便，以便对系统的水源、工作方式和服务目标等作出大致说明，因此，给水系统的分类不是十分严格，不同类别之间的界限也并不绝对。

1.2　给水系统的组成

给水系统由相互联系的一系列构筑物和输配水管网组成。它的任务是从水源取水，按照用户对水质的要求进行处理，然后将水输送到用水区，并向用户配水。图1-4为典型给水系统示意图。

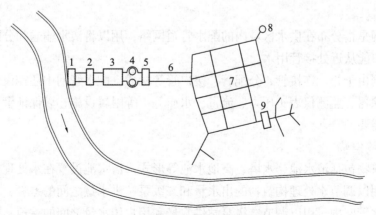

图1-4　典型给水系统示意图

1—取水构筑物；2——级泵站；3—水处理构筑物；4—清水池；5—二级泵站；6—输水管；

7—配水管网；8—水塔（高地水池）；9—加压泵站

1. 取水构筑物

取水构筑物用以从选定的水源（包括：江河、湖泊、水库、海洋等地表水，潜水、承压水、和泉水等地下水，复用水等）取水，包括水源地、取水头部、取水泵站（又称一级泵站）和原水输水管渠等。

2. 水处理构筑物

水处理构筑物是将取水构筑物的来水进行处理，以期符合用户对水质的要求，包括各种采用物理、化学、生物等方法的水质处理设备和构筑物。

3. 泵站

泵站是给水系统的加压设施，用以将所需水量提升到要求的压力或高度，可分抽取原水的一级泵站、输送清水的二级泵站和设于输配水管网中的加压泵站等。

一级泵站又称取水泵站，用以将原水输送到水厂中的水处理构筑物。二级泵站又称送水泵站，一般位于水厂内部，用以将水厂生产的清水加压后送入输水管或配水管网。加压泵站对远离水厂的供水区域或地形较高的区域进行加压，实现多级加压。加压泵站一般从贮水设施中吸水（属于间接加压泵站，又称水库泵站），也有部分加压泵站直接从管道中吸水（属于直接加压泵站）。

4. 输水管（渠）

输水管（渠）是在较长距离内输送水量的管道或渠道，一般不沿线向外供水。如将原水从取水水源输送到水厂的原水输水管（渠）、将清水从水厂输送至供水区域的清水输水管（渠）、从供水管网向某大用户供水的专线管道、区域给水系统中连接各区域管网的管道等。

长距离输水管一般敷设成两条并行管线，在中间的适当地点分段连通并安装切换阀门，以便其中一条管道局部发生故障时由另一条并行管段替代。采用重力输水方案时，许多地方采用渡槽输水，可就地取材，降低造价。

输水管输水流量大，输送距离远，施工条件差，工程量大，有时甚至要穿越山岭或河流，因此，长距离输水的安全可靠性要求严格。

5. 配水管网

配水管网是指分布在供水区域内的配水管道网络，用以将清水输送和分配到整个供水区域，使用户能从近处接管用水。

配水管网由干管、连接管、分配管、接户管等构成。配水管网中还需设置阀门、消火栓、水锤消除器、监测仪表（压力、流量、水质等）等附属设施，以保证管网供水并满足运维管理的需要。

6. 调节构筑物

调节构筑物包括清水池、水塔、高地水池等形式。清水池设置在水处理构筑物与二级泵站之间，用以调节水处理构筑物的出水量和二级泵站供水量之间的差额，水塔和高地水池设置在配水管网中，用以调节二级泵站供水量和用户用水量之间的差值。调节构筑物也可用于贮存备用水量，以保证消防、检修、停电和事故等情况下的用水，提高供水的安全可靠性。清水池还有保证消毒接触时间的作用，水塔和高地水池还有保证水压的作用。

课后题

思考题

1. 由高地水库供水给城市，如按水源和供水方式考虑，应属于哪类给水系统？

2. 什么是统一给水、分质给水和分压给水，哪种系统目前用得最多？

3. 给水系统的组成及各工程设施的作用是什么？

4. 给水系统由哪些子系统组成？各子系统包含哪些设施？

5. 何谓输配水系统？

6. 给水系统是否必须包括取水构筑物、水处理构筑物、泵站、输水管和管网、调节构筑物等，哪种情况下可省去其中一部分设施？

第 1 章
课后题
答案

第2章
设计用水量

　　给水系统设计时，应首先确定该系统在设计年限内需要的供水量，系统中取水、水处理、泵站和管网等设施的规模都需参照设计用水量，因此，所确定的供水量是否合理直接影响建设投资和运行费用。

2.1 用水量组成

给水系统设计供水量应由下列各项组成：

1. 综合生活用水，包括：居民生活用水和公共设施用水。前者指：城市中的居民饮用、烹调、洗涤、冲厕、洗澡等日常生活用水。后者包括娱乐场所、宾馆、浴室、商业、学校和机关办公楼等用水。

2. 工业企业用水，包括：工业企业在生产过程中用于设备冷却、空调制造、加工净化、洗涤等方面的用水量，以及工业企业的职工在从事生产活动时，所消耗的生活和淋浴用水量。

3. 浇洒市政道路、广场和绿地用水，也叫市政用水，通常，根据路面种类、绿化面积、气候、土壤等条件进行确定。

4. 管网漏损水量，是从水厂到用户输水过程中漏损的水量。

5. 未预见用水，是指对于难以预测的各种因素而准备的用水量。

6. 消防用水，是指在城市发生火灾时灭火所需要的用水量。

依据《室外给水设计标准》GB 50013—2018，水厂设计规模应按设计年限，规划供水范围内综合生活用水、工业企业用水、浇洒市政道路、广场和绿地用水，管网漏损水量，未预见用水的最高日用水量之和确定。当城市供水部分采用再生水直接供水时，水厂设计规模应扣除这部分再生水水量。

2.2 用水量定额及计算

为了计算上述各项用水量，须首先确定用水量定额，即用水量的单位指标的数值。用水量定额是指不同的用水对象在设计年限内达到的用水水平，是确定设计用水量的主要依据。它的选定直接影响给水系统相应构筑物的规模、工程投资、工程扩建的期限、今后水量的保证等方面。应结合当地现状条件、有关规范规定和规划资料，参照类似地区的用水情况，慎重考虑在设计年限内达到的用水水平，确定用水量定额的数值。用水量定额与相应的用水单位数的乘积即为用水量，可表示为：用水量＝用水量定额 × 实际用水的单位的数目。

1. 综合生活用水和居民生活用水

综合生活用水量由综合生活用水定额乘以相应的用水单位数进行确定。综合生活用水量中，居民生活用水量的确定，可由居民生活用水定额乘以相应的用水单位数进行确定。

依据中华人民共和国国家标准《室外给水设计标准》GB 50013—2018，居民生活用水定额和综合生活用水定额应根据当地国民经济和社会发展、水资源充沛程度、用水习惯，在现有用水定额基础上，结合城市总体规划和给水专业规划，本着节约用水的原则，综合分析确定。当缺乏实际用水资料情况时，可参照类似地区确定，或按表 2-1～表 2-4 选用。

最高日居民生活用水定额 [L/（人 · d）] 　　表 2-1

城市类型	超大城市	特大城市	Ⅰ型大城市	Ⅱ型大城市	中等城市	Ⅰ型小城市	Ⅱ型小城市
一区	180～320	160～300	140～280	130～260	120～240	110～220	100～200
二区	110～190	100～180	90～170	80～160	70～150	60～140	50～130
三区	—	—	—	80～150	70～140	60～130	50～120

平均日居民生活用水定额 [L/（人 · d）] 　　表 2-2

城市类型	超大城市	特大城市	Ⅰ型大城市	Ⅱ型大城市	中等城市	Ⅰ型小城市	Ⅱ型小城市
一区	140～280	130～250	120～220	110～200	100～180	90～170	80～160
二区	100～150	90～140	80～130	70～120	60～110	50～100	40～90
三区	—	—	—	70～110	60～100	50～90	40～80

最高日综合生活用水定额 [L/（人 · d）] 　　表 2-3

城市类型	超大城市	特大城市	Ⅰ型大城市	Ⅱ型大城市	中等城市	Ⅰ型小城市	Ⅱ型小城市
一区	250～480	240～450	230～420	220～400	200～380	190～350	180～320
二区	200～300	170～280	160～270	150～260	130～240	120～230	110～220
三区	—	—	—	150～250	130～230	120～220	110～210

平均日综合生活用水定额 [L/（人 · d）] 　　表 2-4

城市类型	超大城市	特大城市	Ⅰ型大城市	Ⅱ型大城市	中等城市	Ⅰ型小城市	Ⅱ型小城市
一区	210～400	180～360	150～330	140～300	130～280	120～260	110～240
二区	150～230	130～210	110～190	90～170	80～160	70～150	60～140
三区	—	—	—	90～160	80～150	70～140	60～130

注：1. 超大城市指城区常住人口 1000 万及以上的城市，特大城市指城区常住人口 500 万以上 1000 万以下的城市，Ⅰ型大城市指城区常住人口 300 万以上 500 万以下的城市，Ⅱ型大城市指城区常住人口 100 万以上 300 万以下的城市，中等城市指城区常住人口 50 万以上 100 万以下的城市，Ⅰ型小城市指城区常住人口 20 万以上 50 万以下的城市，Ⅱ型小城市指城区常住人口 20 万以下的城市。以上包括本数，以下不包括本数。

2. 一区包括：湖北、湖南、江西、浙江、福建、广东、广西、海南、上海、江苏、安徽；二区包括：重庆、四川、贵州、云南、黑龙江、吉林、辽宁、北京、天津、河北、山西、河南、山东、宁夏、陕西、内蒙古河套以东和甘肃黄河以东的地区；三区包括：新疆、青海、西藏、内蒙古河套以西和甘肃黄河以西的地区。

3. 经济开发区和特区城市，根据用水实际情况，用水定额可酌情增加。

4. 当采用海水或污水再生水等作为冲厕用水时，用水定额相应减少。

综合生活用水定额表和居民生活用水定额表的形式相同，因为综合生活用水量由居民生活用水量和公共建筑用水量组成，所以综合生活用水定额表多了公共建筑这部分用水量，表中的数值比居民生活用水定额表的数值高。

2019～2021 年，在完成东北某城市居民二次供水工程的时候，按照 2021 年 4 月的调研结果，该市主城区二次供水用户 201 万人，属于二区 Ⅱ 型大城市，对应的定额 150～260 [L/（人·d）]，而该市的最高日用水定额是按照 130 [L/（人·d）] 取的，比国家的标准略低。这个数据是当地所有相关部门依据当地居民用水习惯和供水集团运行管理经验，结合北方地区服务部抄表员、二次供水泵站管理人员以及前期项目的定额运行状况等多方信息综合确定的。

定额定得太高，设备选取的时候，流量和功率会很大，比较浪费，太低又不够。因此，用水量定额的确定需要根据城市卫生设备的完善程度、水资源和气候条件、生活习惯、生活水平、收费标准及办法、管理水平，水质和水压等因素综合考虑，选择合适的数值。

党的十八大以来，习近平总书记多次就节水工作作出重要指示，特别是提出"节水优先"，并将其摆在新时代水利工作"十六字方针"的首要位置。因此，我们的生活用水采取节约用水的措施，农业用水采用节约用水的灌溉方式，工业用水采取计划用水，并且提高工业用水的重复利用率等措施，这些又会影响用水量的变化，我们在确定用水量定额的时候也要考虑这些情况。

确定用水定额后，城镇或居住区最高日居民生活用水量为：

$$Q_{1-1} = \frac{1}{1000} \sum q_{i-1} N_i \ (\mathrm{m^3/d}) \tag{2-1}$$

式中　q_{i-1}——不同卫生设备的居住区最高日居民生活用水定额，L/（人·d）；

　　　N_i——设计年限内计划用水人数，人。

公共建筑用水量为：

$$Q_{1-2} = \frac{1}{1000} \sum q_j N_j \ (\mathrm{m^3/d}) \tag{2-2}$$

式中　q_j——各公共建筑的最高日用水定额，L/（人·d）、L/（床位·d）等，公共建筑生活用水定额可参照现行标准《建筑给水排水设计标准》GB 50015、《综合医院建筑设计规范》GB 51039、《旅馆建筑设计规范》JGJ 62、《商店建筑设计规范》JGJ 48 等；

　　　N_j——各公共建筑的用水单位数，人数、床位数等。

综合生活用水量为：

$$Q_1 = Q_{1-1} + Q_{1-2} \tag{2-3}$$

或：

$$Q_1 = \frac{1}{1000} \sum q_{i-2} N_i \ (\mathrm{m^3/d}) \tag{2-4}$$

式中　q_{i-2}——不同卫生设备的居住区最高日综合生活用水定额，L/（人·d）。

综合生活用水量由居民生活用水量和公共建筑用水量组成，由于公共建筑用水量计算比较复杂，在城市给水管网设计过程中，通常直接通过综合生活用水定额，计算综合生活用水量。如果公共建筑用水量已知，也可以计算居民生活用水量，再通过二者加和确定综合生活用水量。

2. 工业企业用水

工业企业用水指工、矿企业的各部门，在工业生产过程（或期间）中，制造、加工、冷却、空调、洗涤、锅炉等处使用的水及厂内职工生活用水的总称。

工业企业生产过程用水量应根据生产工艺要求确定。大工业用水户或经济开发区的生产过程用水量宜单独计算；一般工业企业的用水量可根据国民经济发展规划，结合现有工业企业用水资料分析确定。

设计年限内生产用水量可依据万元产值用水量、工业产品的产量等进行估算。不同类型的工业，万元产值用水量不同，同时，提高工业用水重复利用率可降低工业用水量。随着用水效率的提升，万元产值用水量在很多城市均逐年大幅下降。在以工业产品的产量为指标时，可参照相关工业用水定额，如每生产一吨粗钢需要多少立方米水。

依据《建筑给水排水设计标准》GB 50015，工业企业建筑管理人员的最高日生活用水定额可取 30～50L/（人·班）；车间工人的生活用水定额应根据车间性质确定，宜采用 30～50L/（人·班）；用水时间宜取 8h，时变化系数宜取 2.5～1.5。

依据《建筑给水排水设计标准》GB 50015，工业企业建筑淋浴最高日用水定额，应根据《工业企业设计卫生标准》GBZ 1 中的车间卫生特征分级确定，可采用 40～60L/（人·次），延续供水时间宜取 1h。

工业企业用水为：

$$Q_2 = \sum \left(Q_{2-1} + \frac{1}{1000} Q_{2-2} + \frac{1}{1000} Q_{2-3} \right) (\text{m}^3/\text{d}) \tag{2-5}$$

式中 Q_{2-1}——各工业企业的生产用水量，为最高日生产用水量定额（m³/万元或 m³/产量）与产值（万元/d）或产量（产品单位/d）之积，m³/d；

       Q_{2-2}——各工业企业的职工生活用水量，为职工最高日生活用水定额［L/（人·班）］与最高日职工生活用水全日各班总人数（人）之积，不同车间用水量定额不同时，应分别计算，m³/d；

       Q_{2-3}——各工业企业的职工淋浴用水量，为职工最高日淋浴用水定额［L/（人·次）］与最高日职工淋浴用水全日各班总人数（人）之积，不同车间用水量定额不同时，应分别计算，m³/d。

3. 浇洒道路和绿地用水

浇洒市政道路、广场和绿地用水量应根据路面、绿化、气候和土壤等条件确定。依据《室外给水设计标准》GB 50013—2018，浇洒道路和广场用水可根据浇洒面积按 2.0～3.0L/（m²·d）计算，浇洒绿地用水可根据浇洒面积按 1.0～3.0L/（m²·d）计算。

浇洒道路和绿地用水量为：

$$Q_3 = \frac{1}{1000} \sum (q_l N_l) (\text{m}^3/\text{d}) \tag{2-6}$$

式中 q_l——用水量定额，浇洒道路和广场为 2.0～3.0L/（m²·d），浇洒绿地为 1.0～3.0L/（m²·d）；

       N_l——每日浇洒道路和绿地的面积，m²。

4. 管网漏损水量

依据《室外给水设计标准》GB 50013，城镇配水管网的基本漏损水量宜按综合生活用水、工业企业用水、浇洒市政道路、广场和绿地用水量之和的 10% 计算，当单位供水量管长值大或供水压力高时，可按现行行业标准《城镇供水管网漏损控制及评定标准》CJJ 92 的有关规定适当增加。

管网漏损水量为：

$$Q_4 = (0.10 \sim 0.12)(Q_1 + Q_2 + Q_3)(m^3/d) \tag{2-7}$$

5. 未预见水量

未预见水量应根据水量预测时难以预见因素的程度确定。依据《室外给水设计标准》GB 50013—2018，未预见水量宜采用综合生活用水、工业企业用水、浇洒市政道路、广场和绿地用水、管网漏损水量之和的 8%～12%。

未预见用水量为：

$$Q_5 = (0.08 \sim 0.12)(Q_1 + Q_2 + Q_3 + Q_4)(m^3/d) \tag{2-8}$$

6. 消防用水量

消防用水量应按照同时发生的火灾次数和一次灭火的用水量确定。依据《室外给水设计标准》GB 50013，消防用水量、水压及火灾延续时间应符合现行国家标准《建筑设计防火规范》GB 50016 和《消防给水及消火栓系统技术规范》GB 50974 的有关规定。

消防用水量为：

$$Q_6 = q_x N_x (L/s) \tag{2-9}$$

式中　q_x、N_x——分别为一次灭火用水量，L/s，和同一时间内的火灾次数。

城镇或居住区的室外消防用水量计算所需数据参见表 2-5，工厂、仓库和民用建筑的室外消防用水量计算所需数据参见表 2-6、表 2-7。

城镇同一时间内的火灾起数和一起火灾灭火设计流量
（《消防给水及消火栓系统技术规范》GB 50974）　　　　表 2-5

人数（万人）	同一时间内的火灾起数（起）	一起火灾灭火设计流量（L/s）
$N \leqslant 1.0$	1	15
$1.0 < N \leqslant 2.5$		20
$2.5 < N \leqslant 5.0$		30
$5.0 < N \leqslant 10.0$		35
$10.0 < N \leqslant 20.0$	2	45
$20.0 < N \leqslant 30.0$		60
$30.0 < N \leqslant 40.0$		75
$40.0 < N \leqslant 50.0$		
$50.0 < N \leqslant 70.0$	3	90
$N > 70.0$		100

注：城镇的室外消防用水量包括居住区、工厂、仓库（含堆场、储罐）和民用建筑的室外消火栓用水量，当工厂、仓库和民用建筑的室外消火栓用水量按表 2-7 计算，其值与按本表计算不一致时，应取其较大值。

工厂、仓库和民用建筑同一时间内的火灾起数（《消防给水及消火栓系统技术规范》GB 50974）

表 2-6

名称	基地面积（hm²）	附有居住区人数（万人）	同一时间内的火灾起数	备注
工厂、仓库	≤100	≤1.5	1	按需水量最大的一座建筑物（或堆场、储罐）计算工厂、居住区各考虑一次
工厂、仓库	≤100	>1.5	2	
工厂、仓库	>100	不限	2	按需水量最大的两座建筑物（或堆场、储罐）计算
仓库、民用建筑	不限	不限	1	按需水量最大的一座建筑物（或堆场、储罐）计算

建筑物室外消火栓设计流量（L/s）（《消防给水及消火栓系统技术规范》GB 50974）

表 2-7

耐火等级	建筑物名称及类别			建筑体积（m³）					
				$V \leq 1500$	$1500 < V \leq 3000$	$3000 < V \leq 5000$	$5000 < V \leq 20000$	$20000 < V \leq 50000$	$V > 50000$
一、二级	工业建筑	厂房	甲、乙	15	20	25	30	35	
			丙	15	20	25	30	40	
			丁、戊	15					20
		仓库	甲、乙	15		25		—	
			丙	15		25		35	45
			丁、戊	15					20
	民用建筑	住宅		15					
		公共建筑	单层及多层	15			25	30	40
			高层	—			25	30	40
	地下建筑（包括地铁）、平战结合的人防工程			15			20	25	30
三级	工业建筑	乙、丙		15	20	30	40	45	—
		丁、戊		15			20	25	35
	单层及多层民用建筑			15		20	25	30	—
四级	丁、戊类工业建筑			15		20	25		—
	单层及多层民用建筑			15		20	25		—

注：1. 成组布置的建筑物应按消火栓设计流量较大的相邻两座建筑物的体积之和确定。

2. 火车站、码头和机场的中转库房，其室外消火栓设计流量应按相应耐火等级的丙类物品库房确定。

3. 国家级文物保护单位的重点砖木、木结构的建筑物室外消火栓设计流量，按三级耐火等级民用建筑物消火栓设计流量确定。

4. 当单座建筑的总建筑面积大于 500000m² 时，建筑物室外消火栓设计流量应按本表规定的最大值增加一倍。

消防用水只在火灾时使用，历时较短，一般2~3h，从数量上说，它在城市用水量中占有一定的比例，在中小城市所占的比例更大。这部分水量平时储存在水厂的清水池中，发生火灾时由水厂的二级泵站送至火灾现场。并且应该有保证消防用水不被挪作他用的技术措施。消防用水具有随机性和无法预测性，因此，消防用水量一般单独成项，不计入设计用水量中，仅作为给水系统校核计算之用。

综上，设计年限内，城镇最高日设计用水量为：

$$Q_d = Q_1 + Q_2 + Q_3 + Q_4 + Q_5 \ (m^3/d) \tag{2-10}$$

2.3　用水量变化

我们所确定的用水量定额只是一个平均值，而无论是生活、生产用水或绿化等其他用水，用水量都是不断变化的。生活用水通常随着生活习惯和季节而变化，比如夏季比冬季用水多，早晨起床后和晚饭前后用水多；工业生产用水与设备运转规律、气候变化等有关，如冷却用水夏季比冬季用水多，纯净水、饮料等季节性较强的食品工业，高温时生产量大，用水多。可见，用水量在一天之间和在一年之间的不同季节都是变化的，因此，我们必须要考虑用水量的这种变化。

1. 描述用水量变化的基本概念

为了更好的描述用水量的变化，我们先来看几个基本概念：

最高日用水量 Q_d（m^3/d）：我们刚刚计算完，在设计规定的年限内，用水最多的一日的用水量，称为最高日用水量，或最高日供水量，一般用来确定给水系统中各类设施的规模。

平均日用水量 $\overline{Q_d}$（m^3/d）：是指在规划年限内，用水量最多的一年的总用水量除以用水的天数。平均用水量一般作为水资源规划和确定城市污水量的依据。

最高日最高时用水量 Q_h（m^3/h）：是指在最高日内，用水最多的一小时的水量。最高日最高时用水量一般作为给水管网工程规划和设计的依据。

在实际工程中，由于各种用水的最高时用水量并不一定同时发生，因此，并不能简单的将其叠加，而是通过编制整个集水区域的逐时用水量计算表，进而求出各种用水按照各自的用水规律合并以后的最高时用水量作为设计的依据。

最高日平均时用水量 $\overline{Q_h}$（m^3/h）：是指最高日平均每小时的用水量。用最高日设计用水量 Q_d（m^3/d）除以给水系统每天的工作时间 T，一般为24h，即，$\overline{Q_h} = \dfrac{Q_d}{T}$（$m^3/h$）。

为了反映用水量逐日、逐时的变化情况，定义了日变化系数和时变化系数：

日变化系数 K_d：在一年中，最高日用水量与平均日用水量的比值，称为日变化系数，即，$K_d = \dfrac{Q_d}{\overline{Q_d}}$。

时变化系数 K_h：在最高日内，每小时的用水量也是变化的。最高日最高时用水量与该日平均时用水量的比值，称为时变化系数，即，$K_h = \dfrac{Q_h}{\overline{Q_h}}$。

　　城镇供水的日变化系数和时变化系数显示了一定时段内用水量变化幅度的大小，反映了用水量的不均匀程度，与地理位置、气候、生活习惯和室内给水排水设施完善程度等因素有关，应根据城市性质、城市规模、国民经济、社会发展和供水系统布局，结合现状的供水变化和用水变化分析确定。当缺乏实际用水资料时，时变化系数宜采用 1.2～1.6，日变化系数宜采用 1.1～1.5。大城市由于用水的人数多、卫生设备的完善程度高，各用户用水时间可以相互错开，所以大城市各小时的用水量比较均匀，时变化系数可以取下限，小城市用水人数少，用水时间比较集中，用水量变化幅度大，可取上限或适当增大。当二次供水设施较多采用叠压供水模式时，时变化系数宜取大值。

2. 用水量变化曲线

　　日变化系数和时变化系数表示的是一定时段内用水量变化幅度的大小，在进行给水系统的设计时，需要了解更详细的用水量变化情况，通常以用水量时变化曲线来进行表示。常用的用水量变化曲线是以时间（0～24h）为横坐标，以每小时用水量占一天总用水量的百分数为纵坐标绘制的曲线。

　　显然，每一天都有一条用水量变化曲线，一般城镇供水常用的是用水量最高日的用水量变化曲线，这就需要通过有关实测数据的统计分析来确定这条曲线，使它能够准确地反映出最高日用水量那一天中 24h 用水量的逐时变化情况，还可以依据用水量变化曲线，来选泵、确定泵站的工作制度，以及确定相关构筑物的调节流量。

　　图 2-1 为某城镇用水量变化曲线，图中每小时用水量按最高日用水量的百分数计，$Q_i\%$ 是以最高日用水量百分数计的每小时用水量，则图形面积为 $\sum\limits_{i=1}^{24} Q_i\% = 100\%$。最高时是上午 8～9 时，占最高日用水量的 6.00%。最高日平均时用水量占 $100\% \div 24 = 4.17\%$，

则时变化系数 $K_h = \dfrac{Q_h}{\overline{Q_h}} = \dfrac{\dfrac{Q_h}{Q_d}}{\dfrac{\overline{Q_h}}{Q_d}} = \dfrac{6\%}{4.17\%} = 1.44$。

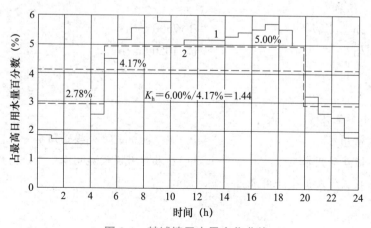

图 2-1　某城镇用水量变化曲线

1—用水量变化曲线；2—二级泵站设计供水线

对于新设计的给水工程，用水量变化规律只能按该工程所在地区的气候、人口、居住条件、工业生产工艺、生产设备能力、产值等情况，参考附近城市的实际资料确定。对于扩建工程，可进行实地调查，获得供水量及其变化规律的资料。

课后题

第 2 章
练一练
选择题
扫码做

一、单选题

1. 给水工程应按远期规划、近远期结合、以近期为主的原则进行设计，近期设计年限和远期规划设计年限分别采用（　　）。

A. 5~10 年和 10~20 年　　　　B. 5~10 年和 10~15 年

C. 10~20 年和 20~30 年　　　　D. 10~20 年和 20~50 年

2. 已知：综合生活用水量 Q_1，工业企业生产、生活用水量 Q_2，市政用水量 Q_3，消防用水量 Q_4；则最高日用水量 Q_d 的计算式应为（　　）。

A. $Q_d = Q_1 + Q_2 + Q_3 + Q_4$　　　　B. $Q_d = (1.15 \sim 1.25)(Q_1 + Q_2 + Q_3 + Q_4)$

C. $Q_d = Q_1 + Q_2 + Q_3$　　　　D. $Q_d = (1.15 \sim 1.25)(Q_1 + Q_2 + Q_3)$

3. 时变化系数是指（　　）。

A. 最高日用水量与平均日用水量的比值

B. 最高日最高时用水量与平均日平均时用水量的比值

C. 最高日最高时用水量与最高日平均时用水量的比值

D. 平均日最高时用水量与平均日平均时用水量的比值

4. 给水工程设计，用水时变化系数宜采用 1.3~1.6，当（　　）时，应采用下限。

A. 城市规模大　　　　B. 用户用水不连续

C. 用户作息规律性强　　　　D. 城市规模小

5. 某城市最高日用水量为 150000m³/d，用水日变化系数为 1.2，时变化系数为 1.4，则管网的设计流量应为（　　）。

A. 6250m³/h　　　　B. 7500m³/h

C. 8750m³/h　　　　D. 10500m³/h

二、多选题

综合生活用水包括（　　）。

A. 居民生活用水　　　　B. 学校和机关办公楼等用水

C. 宾馆、饭店等用水　　　　D. 公共建筑及设施用水

E. 工业企业工作人员生活用水

三、思考题

1. 给水工程的规划任务是什么？规划期限如何划分？

2. 设计城市给水系统时应考虑哪些用水量?

3. 城市居民生活用水量定额如何确定? 影响用水定额的因素有哪些?

4. 说明日变化系数 K_d 和时变化系数 K_h 的意义, 其大小对设计流量有何影响?

5. 对于多目标供水的给水系统, 其设计流量是否是各种用水最高时用水量的叠加值? 为什么?

6. 用水量时变化曲线如何绘制? 其意义与作用是什么?

四、计算题

1. 某城市最高日小时供水流量的典型数据如表 2-8 所列, 试绘出最高日供水量变化曲线, 并求出时变化系数。

某城市最高日小时供水流量 表 2-8

时段（时）	0~1	1~2	2~3	3~4	4~5	5~6	6~7	7~8	8~9	9~10	10~11	11~12
流量（m³/h）	4097	3516	3396	3382	3309	3292	4379	5335	5847	5682	5496	5550
时段（时）	12~13	13~14	14~15	15~16	16~17	17~18	18~19	19~20	20~21	21~22	22~23	23~24
流量（m³/h）	5182	4549	4644	4731	5351	5761	5748	5791	5565	5139	4871	4142

2. 某城市用水人口 5 万, 求该城市的最高日居民生活用水量和综合生活用水量。取最高日生活用水量定额 $0.15 \mathrm{m}^3/$（d·人）, 综合生活用水量定额 $0.20 \mathrm{m}^3/$（d·人）, 自来水普及率 90%。

第 3 章
给水系统流量、水压关系

　　给水系统是由功能互不相同而又彼此密切联系的各个组成部分连接而成，它们须共同工作满足用户对给水的要求。我们在上一章学习了设计用水量的计算，并且了解了用水量的变化，为了保证供水的可靠性，给水系统中所有的构筑物都应该以第 2 章计算得到的最高日设计用水量为基础进行设计计算。但是，给水系统各组成部分的工作特点不同，设计流量也不同。这一章，我们就通过工况分析来探讨给水系统如何适应用水量的变化；给水系统各组成部分之间的关系；以及从流量和压力两个方面，如何来进行给水系统的设计和计算。

3.1 给水系统各构筑物的流量关系

以地表水为水源的给水系统示意图如图 3-1 所示。从取水构筑物到用户，我们可以将其分为三个部分：第一部分包括：取水构筑物、一级泵站、从取水构筑物到水厂的原水输水管渠、水处理构筑物；第二部分包括：二级泵站、从二级泵站到管网的输水管、管网；第三部分包括：清水池、水塔，都是调节构筑物。设计流量是指通过管道、设备或构筑物的最大流量。接下来，我们就分别确定这三部分中各构筑物的设计流量。

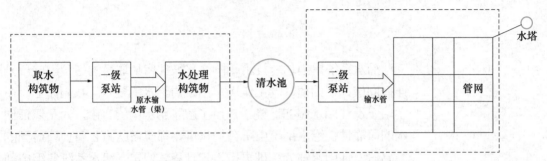

图 3-1　以地表水为水源的给水系统示意图

3.1.1 取水构筑物、水处理构筑物、一级泵站、原水输水管渠

我们先来看图 3-1 中的第一部分，取水构筑物、一级泵站、水处理构筑物和原水输水管（渠）的设计流量。城市的最高日设计用水量确定后，取水构筑物和水厂的设计流量将随一级泵站的工作情况而定。一级泵站工作时间的长短，影响着它每小时的流量，也进而影响着取水构筑物和水处理构筑物的设计流量。城镇水厂的一级泵站一般按 24h 均匀工作来考虑，只有小型水厂的一级泵站才考虑非全天运转。通常，取水构筑物和水厂应该连续、均匀地运行，因为这样，水处理构筑物可以稳定地运行，也有利于管理；从工程造价角度来看，一天 24h 平均时流量比最高时流量有较大的降低，平均时流量也能够满足最高日供水的要求，这就使得取水和水处理各项构筑物的尺寸、设备容量、连接管直径等都可以最大限度降低，进而降低工程造价。因此，为使水厂稳定运行和便于操作管理，降低工程造价，通常取水构筑物、水处理构筑物、一级泵站、原水输水管渠的设计流量均以最高日平均时流量为基础进行设计。

1. 水处理构筑物

当水源为地表水源时，水处理构筑物按最高日平均时用水量加上水厂的自用水量作为设计流量，即：

$$Q_{1-1} = (1 + \alpha)\overline{Q_h} = \frac{(1 + \alpha)Q_d}{T} \ (\text{m}^3/\text{h}) \tag{3-1}$$

式中　Q_{1-1}——水处理构筑物的设计流量，m^3/h；

　　　Q_d——给水系统的最高日设计用水量，m^3/d；

T——取水构筑物、水处理构筑物、一级泵站在一天内的实际运行小时数，h；

α——水厂自用水率，水厂自用水主要提供沉淀池排泥、滤池冲洗等用水，因此，水厂自用水量应根据原水水质、处理工艺和构筑物类型等因素通过计算确定。依据《室外给水设计标准》GB 50013，自用水率可采用设计规模的 5%～10%。

2. 取水构筑物、一级泵站、原水输水管渠

当水源为地表水源时，取水构筑物、一级泵站、原水输水管（渠）按最高日平均时用水量加上水厂的自用水量及输水管（渠）的漏损水量作为设计流量，即：

$$Q_{1\text{-}2}=(1+\alpha+\beta)\overline{Q_{\mathrm{h}}}=\frac{(1+\alpha+\beta)Q_{\mathrm{d}}}{T}\ (\mathrm{m}^3/\mathrm{h}) \tag{3-2}$$

式中　β——原水输水管渠的漏损水量占设计规模的比例。

其余同式（3-1）。

当水源为地下水源时，由于地下水通常水质较好，一般只需要在进入管网之前进行消毒，这时，一级泵站可直接将地下水输入管网，但为提高水泵的效率和延长地下水取水构筑物的使用年限，一般先将水输送到地面水池，再由二级泵站将水池水输入管网。因此，当取用地下水时，水厂自用水率 α 为 0。

3.1.2　二级泵站、二级泵站到管网的输水管、管网

我们继续来看图 3-1 中的第二部分，二级泵站、二级泵站到管网输水管以及管网的设计流量。

1. 二级泵站

首先，二级泵站的设计流量与它本身的工作状况有关，也与管网中是否设置水塔、高地水池等调节构筑物有关。

当管网内不设调节构筑物时，二级泵站的工作情况是直接供水到管网，这时，没有调节构筑物来调节二级泵站供水量和用户用水量之间的流量差，任何小时内二级泵站的供水量都应该等于用户的用水量，最大的供水量应等于最高日最高时用水量，也就是说，为了保证供水量，二级泵站的设计流量等于最高日最高时用水量。

为了使二级泵站在任何时候都能够保证安全供水，又能够在高效率下经济运转。设计二级泵站时，应根据用水量变化曲线，考虑使用多台水泵，并且大小泵搭配，或者改变水泵转速的方式，以适应用水量的变化。实际运行时，可根据管网的压力进行调控，如当管网中压力升高时，表明用水量在减少，应适当减少水泵开启台数，或将大泵换成小泵，或降低水泵的转速。这种供水方式，完全通过二级泵站的工况调节来适应用水量的变化，使二级泵站供水曲线符合用户用水曲线。目前，大中城市一般不设水塔，均采用此种供水方式。

当管网中设置调节构筑物时，由于水塔等调节构筑物能够调节二级泵站供水与用户用水之间的流量差，所以二级泵站每小时的供水量不需要等于用户的用水量。这时，二级泵站一般采用分级供水，设计供水线根据用水量变化曲线来拟定。二级泵站分级工作设计流量应该等于水泵最大一级的供水量。

二级泵站分级工作要注意下列原则：

1. 泵站各级供水线应尽量接近用水量曲线，以减小水塔的调节容积，减小水塔建造费用。但是，从泵站运转管理的角度来说，泵站所分的级数不宜过多，一般不应多于 3 级，通常分 2 级，比如，在用水高峰期分一级、用水低谷期分一级。

2. 水泵分级供水时，应注意每级能否选到合适的水泵，以及所选水泵可以合理搭配，不能开启过于频繁，如果不合适，需要重新定级。水泵的选取还应满足当前及未来一段时间内用水量增长的需求。

3. 水泵每小时流量占最高日用水量的百分数之和是 100%，也就是必须使水泵 24 小时的供水量之和等于最高日用水量，即：$a\% \times t_1 + b\% \times t_2 = 100\%$。

例如图 2-1 所示的二级泵站设计供水线，水泵工作情况分成两级：5～20 时，总时长 15h，水泵流量为最高日用水量的 5%；20～次日凌晨 5 时，总时长 9h，水泵流量为最高日用水量的 2.78%。虽然每小时二级泵站供水量不等于用水量，但是，设计的最高日泵站的总供水量应等于最高日用户用水量，即：$5\% \times 15 + 2.78\% \times 9 \approx 100\%$。

由图 2-1 的用水量曲线和设计的水泵供水线可以看出，水塔或高地水池的流量调节作用：当供水量高于用水量时，多余的水可进入水塔或高地水池内贮存；当供水量低于用水量时，则从水塔流出以补充水泵供水量的不足。由此可见，供水线和用水线越接近，则为了适应流量的变化，泵站工作的分级数或水泵机组数可能增加，但水塔或高地水池的调节容积会减小。

2. 二级泵站到管网的输水管、管网

我们接着来看二级泵站到管网的输水管和配水管网的设计流量。

管网的工作是向用户配水，所以在任何时刻，管网的供水量都应该等于用户的用水量。用户用水量的最大值是最高日最高时用水量，所以管网的设计流量应等于最高日最高时用水量，并依此确定管径。如图 3-2 所示。

输水管的设计流量与是否设置水塔或高位水池等调节构筑物，以及调节构筑物在管网中的位置有关。

当管网中不设置水塔时，二级泵站直接通过输水管渠输水到配水管网，为了确保供水安全，需要满足用户的最高日最高时用水量。所以，这时输水管的设计流量应等于最高日最高时用水量（图 3-3）。

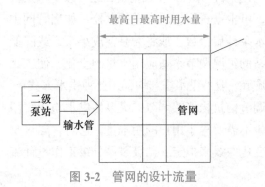

图 3-2　管网的设计流量

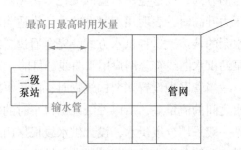

图 3-3　不设置水塔时输水管的设计流量

当管网中设置水塔时，依据供水区域的地形特点和城市的具体条件，可设置在二级泵站和管网之间，进入管网之前，叫做网前水塔；设置在管网中间，叫网中水塔；也可设置在远离二级泵站的管网末梢，叫网后水塔，也叫对置水塔，如图 3-4 所示。

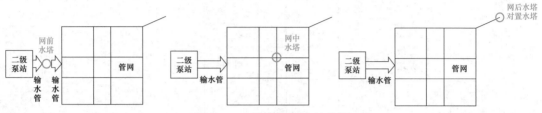

图 3-4　水塔在管网中的位置

当设置网前水塔时，二级泵站通过输水管先供水到水塔，再由水塔通过输水管重力输水到配水管网。我们前面讲过，当管网中设置水塔时，不论水塔设置在什么位置，二级泵站分级工作。因此，由二级泵站到水塔的输水管通过的最大流量应该是二级泵站最大一级的供水量，也就是，这一段输水管的设计流量是二级泵站最大一级的供水量。从水塔到配水管网这段输水管需要供给配水管网，因此，要满足管网任何时刻的用水量，最大值就是最高日最高时用水量，也就是这一段输水管的设计流量应等于最高日最高时用水量，如图 3-5 所示。

当设置网后水塔时，由二级泵站到管网的输水管设计流量为二级泵站分级工作的最大一级供水流量。由水塔到管网的输水管设计流量应按照最高时从水塔输入管网的流量进行计算。当二级泵站的供水量大于用户的用水量，多余的水进入水塔存起来；在用水高峰期，二级泵站的供水量小于用户的用水量，水塔里存的水再流出来，补充水泵供水量的不足，这时，用户的用水量由二级泵站和水塔同时供给。配水管网的最大流量是最高日最高时用水量 Q_h，此时二级泵站按最大一级供水量供水，因此，从水塔到配水管网输水管的设计流量应等于最高日最高时用水量减去二级泵站最大一级的供水量，如图 3-6 所示。

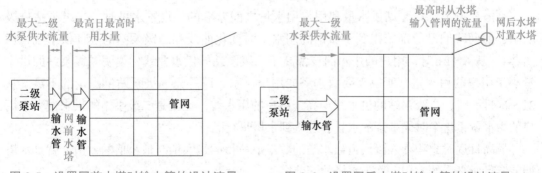

图 3-5　设置网前水塔时输水管的设计流量　　图 3-6　设置网后水塔时输水管的设计流量

当二级泵站、水塔同时向管网供水的时候，相当于两个水源，这时，管网内某些区域是二级泵站供水，某些区域是水塔供水，管网中会出现供水分界线，在供水分界线上的节点是两者同时供水。并且，在供水分界线上，水压最低，如图 3-7 所示。

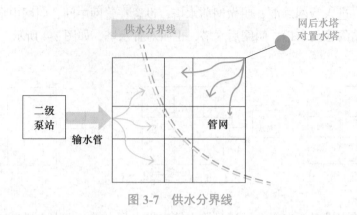

图 3-7　供水分界线

那么，供水分界线是固定的吗？在最高用水的时段，水泵、水塔同时向管网供水，而用户用水量是不断变化的，因此，供水分界线也是在不断移动的，直到管网的全部区域都由二级泵站进行供水，变为单水源系统，再到多余的水流入水塔，并且在用水量、供水量差值最大的时候，出现最大转输的情况。那么，在这个时刻，二级泵站是否能够将水供到水塔呢？这就需要我们进行校核，就像前面提到的消防校核的问题一样，有可能需要放大管网中个别管道的管径。这些将在第 6 章给水管网水力计算中详细介绍。

设有网中水塔时，当水塔靠近二级泵站，并且泵站的供水流量大于泵站与水塔之间用户的用水流量时，类似于网前水塔；当水塔离泵站较远，以致泵站的供水流量小于泵站与水塔之间用户的用水流量，在泵站与水塔之间将出现供水分界线，类似于对置水塔。

3.1.3　调节构筑物

我们继续来看图 3-1 中的第三部分，水塔、清水池两个调节构筑物。在确定调节构筑物的容积之前，我们先来分析一下它们的流量调节作用。

1. 水塔

水塔是调节二级泵站供水量和用户用水量之间差额的。设置水塔时，二级泵站分级供水，前面我们已经确定得到了城市的用水量时变化曲线和二级泵站的设计供水线，由图 2-1，从 6～21 时，用户的用水曲线都高于二级泵站的供水曲线，说明二级泵站的供水量小于用户的用水量，所以需要由水塔向用户供水，以补充二级泵站供水量的不足。从 21～次日 6 时，二级泵站的供水线均高于用户的用水线，也就是二级泵站的供水量大于用户的用水量，这个时候多余的水量会进入到水塔进行贮存。

最高日逐时累积存入以及流出水塔的数量值所得的最大值与最小值的差值，就是水塔调节流量所必需的容积，称为水塔的调节容积。

2. 清水池

通过前面的学习我们已经知道，通常情况下，向水厂供水的一级泵站均匀供水，水处理构筑物均匀制水，向管网供水的二级泵站的供水情况与其本身的工作状况及管网中是否设置水塔、高地水池等调节构筑物有关。可见，一级泵站供水量或水厂制水量与二级泵站供水量其实每小时都是不同的，这部分流量的差额也是需要调节的，清水池就是调节这部分流量差的。

清水池位于水处理构筑物与二级泵站之间，用来调节水处理构筑物制水量与二级泵站供水量之间的差额。当水厂制水量大于二级泵站供水量时，多余的水进入清水池中贮存起来，当水厂制水量小于二级泵站供水量时，可取用清水池中的存水，来满足用水量的需要。

当管网中设置水塔时，二级泵站分级供水，以图 2-1 为例，从 20～次日凌晨 5 时，水厂制水量大于二级泵站供水量，多余水量在清水池中储存；5～20 时，水厂制水量小于二级泵站供水量，需从清水池中取水，以满足用水量的需要。但在一天内，储存的水量刚好等于取用的水量，清水池的调节容积等于累计储存的水量或累计取用的水量。

当管网中不设水塔时，可认为二级泵站的供水量等于用户的用水量，清水池的调节容积为最高日逐时累积存入以及流出清水池的数量值所得的最大值与最小值的差值。

水塔和清水池调节容积的计算我们会在下一节通过实例来具体说明。

3. 清水池和水塔在流量调节过程中的关系

水塔或高地水池和清水池都是给水系统中调节流量的构筑物，两者有着密切的联系。如一级泵站、二级泵站供水线接近，则清水池的调节容积减小，但这时，二级泵站供水与用户用水也就产生了更大的差额，水塔的调节容积会增大；如二级泵站供水与用户用水线接近，则水塔的容积减小，清水池的容积会增大。当二级泵站的供水线和用户的用水线重合的时候，水塔的调节容积就变为零，这时的管网就变成了无水塔的管网系统，但这时，清水池的调节容积会达到最大。

给水系统中流量的调节是由水塔和清水池共同分担的，并且通过二级泵站供水曲线的拟定，二者的调节容积可以相互转化。由于单位容积的水塔造价远远高于清水池的造价，因此，在实际中，往往增大清水池的容积而减小水塔的容积，以节约投资。如果用户的用水曲线比较平缓，也可不设水塔，但清水池一般都是要设置的。

清水池和水塔除了调节流量的作用外，还有储存水量的作用。水塔或高位水池还可以保证管网水压，当其向管网供水时，也相当于一个供水水源。清水池还可以保证消毒接触时间。

3.1.4　给水系统各部分的流量关系

至此，我们了解了给水系统从取水构筑物到管网全流程的流量状况。给水系统各部分的流量关系如图 3-8 所示。其中，调节一级泵站、二级泵站之间流量差的是清水池，调节二级泵站供水量和用户用水量之间流量差的是水塔。

给水系统各组成部分是一个有机的整体，同时，又和整个城市系统具有密不可分的关系，因此，在它的设计规划和运行管理当中，都应该遵循系统论的基本理论与方法进行统筹。

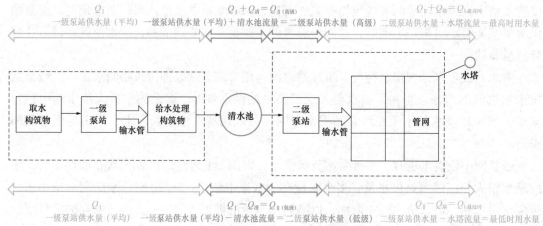

图 3-8　给水系统各部分流量关系

Q_1—一级泵站供水量（平均）；Q_{II}—二级泵站供水量；$Q_{清}$—清水池流量；$Q_{塔}$—水塔流量；Q_h—用户用水量

3.1.5　清水池和水塔容积计算

我们继续来量化清水池和水塔的调节容积和有效容积。

1. 清水池和水塔的调节容积计算

由前面的分析，如资料完备，调节构筑物的调节容积应依据 24 小时供水量和用水量变化曲线进行计算。无论是清水池或水塔，水量调节构筑物的调节容积为：

$$W = \text{Max}\sum(Q_1 - Q_2) - \text{Min}\sum(Q_1 - Q_2)\ (\text{m}^3) \tag{3-3}$$

式中　Q_1、Q_2——表示要调节的两个流量，m^3/h。

我们通过举例来分析计算清水池和水塔的调节容积。

【例 3-1】某市最高日用水量变化曲线如图 3-9 所示。最高时发生在 8~9 时，用水量占最高日用水量的 5.92%，最高日平均供水量占最高日用水量的 4.17%，时变化系数为 1.42。二级泵站分两级供水：从 5~22 时，每小时供水量占最高日用水量的 4.97%，从 22~次日凌晨 5 时，每小时供水量占最高日用水量的 2.22%。分别计算管网中设置水塔和不设水塔时的清水池调节容积，以及水塔调节容积。

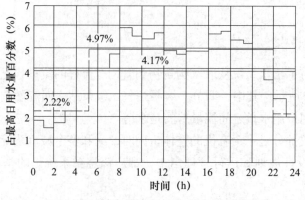

图 3-9　某市最高日用水量变化曲线

表 3-1 为该城市清水池与水塔调节容积计算表。第 1 列，是时间；第 2 列，是最高日平均供水量占最高日用水量的百分数，为 4.17%；第 3 列和第 4 列，是二级泵站的供水量占最高日用水量的百分数，设置水塔时，二级泵站分级工作，从 5～22 时，是 4.97%，从 22～次日凌晨 5 时，是 2.22%，列入第 3 列，求和为 100%；不设水塔时，二级泵站每小时的供水量都应该等于用户的用水量，也就是二级泵站的供水曲线，等于用户的用水曲线，将用户用水曲线每小时的用水量占最高日用水量的百分数列入第 4 列，求和也为 100%。

表 3-1 补充说明

清水池与水塔调节容积计算表　　　　　表 3-1

时间	给水处理/一级泵站供水量（%）	二级泵站供水量（%）		清水池调节容积计算（%）				水塔调节容积计算（%）	
		设置水塔	不设水塔（用户用水量）	设置水塔		不设水塔			
（1）	（2）	（3）	（4）	（5）=（2）-（3）	（6）=∑（5）	（7）=（2）-（4）	（8）=∑（7）	（9）=（3）-（4）	（10）=∑（9）
0～1	4.17	2.22	1.92	1.95	1.95	2.25	2.25	0.30	0.30
1～2	4.17	2.22	1.70	1.95	3.90	2.47	4.72	0.52	0.82
2～3	4.16	2.22	1.77	1.94	5.84	2.39	7.11	0.45	1.27
3～4	4.17	2.22	2.45	1.95	7.79	1.72	8.83	-0.23	1.04
4～5	4.17	2.22	2.87	1.95	9.74	1.30	10.13	-0.65	0.39
5～6	4.16	4.97	3.95	-0.81	8.93	0.21	10.34	1.02	1.41
6～7	4.17	4.97	4.11	-0.80	8.13	0.06	10.40	0.86	2.27
7～8	4.17	4.97	4.81	-0.80	7.33	-0.64	9.76	0.16	2.43
8～9	4.16	4.97	5.92	-0.81	6.52	-1.76	8.00	-0.95	1.48
9～10	4.17	4.96	5.47	-0.79	5.73	-1.30	6.70	-0.51	0.97
10～11	4.17	4.97	5.40	-0.80	4.93	-1.23	5.47	-0.43	0.54
11～12	4.16	4.97	5.66	-0.81	4.12	-1.50	3.97	-0.69	-0.15
12～13	4.17	4.97	5.08	-0.80	3.32	-0.91	3.06	-0.11	-0.26
13～14	4.17	4.97	4.81	-0.80	2.52	-0.64	2.42	0.16	-0.10
14～15	4.16	4.96	4.62	-0.80	1.72	-0.46	1.96	0.34	0.24
15～16	4.17	4.97	5.24	-0.80	0.92	-1.07	0.89	-0.27	-0.03
16～17	4.17	4.97	5.57	-0.80	0.12	-1.40	-0.51	-0.60	-0.63
17～18	4.16	4.97	5.63	-0.81	-0.69	-1.47	-1.98	-0.66	-1.29
18～19	4.17	4.96	5.28	-0.79	-1.48	-1.11	-3.09	-0.32	-1.61
19～20	4.17	4.97	5.14	-0.80	-2.28	-0.97	-4.06	-0.17	-1.78
20～21	4.16	4.97	4.11	-0.81	-3.09	0.05	-4.01	0.86	-0.92
21～22	4.17	4.97	3.65	-0.80	-3.89	0.52	-3.49	1.32	0.40
22～23	4.17	2.22	2.83	1.95	-1.94	1.34	-2.15	-0.61	-0.21
23～24	4.16	2.22	2.01	1.94	0.00	2.15	0.00	0.21	0.00
累计	100.00	100.00	100.00	调节容积=13.63		调节容积=14.46		调节容积=4.21	

【解】

（1）清水池的调节容积

当管网中设置水塔时，清水池调节容积计算见表 3-1 中第 5、6 列，Q_1 为第（2）项，Q_2 为第（3）项，第 5 列为调节流量 $Q_1 - Q_2$，第 6 列为调节流量累计值 $\sum (Q_1 - Q_2)$，其最大值为 9.74，最小值为 −3.89，则调节容积为：$9.74 - (-3.89) = 13.63$（%）。

当管网中不设水塔时，清水池调节容积计算见表 3-1 中第 7、8 列，Q_1 为第（2）项，Q_2 为第（4）项，第 7 列为调节流量 $Q_1 - Q_2$，第 8 列为调节流量累计值 $\sum (Q_1 - Q_2)$，其最大值为 10.40，最小值为 −4.06，则调节容积为：$10.40 - (-4.06) = 14.46$（%）。

（2）水塔调节容积

水塔调节容积计算见表 3-1 中第 9、10 列，Q_1 为第（3）项，Q_2 为第（4）项，第 9 列为调节流量 $Q_1 - Q_2$，第 10 列为调节流量累计值 $\sum (Q_1 - Q_2)$，其最大值为 2.43，最小值为 −1.78，则水塔调节容积为：$2.43 - (-1.78) = 4.21$（%）。

2. 清水池和水塔的有效容积计算

清水池和水塔的调节容积是有效容积的一部分。

除了刚刚计算的流入清水池的调节水量之外，清水池还要存放市政消防用水量、给水处理厂的自用水量，以及一部分安全储水量，因此，清水池的有效容积为：

$$W = W_1 + W_2 + W_3 + W_4 \ (\text{m}^3) \tag{3-4}$$

式中　W——清水池的有效容积，m^3；

$\quad\quad W_1$——清水池的调节容积，m^3；

$\quad\quad W_2$——市政消防储水量，按 2h 火灾延续时间计算，m^3；

$\quad\quad W_3$——水厂自用水量，一般采用最高日用水量的 5%～10%；

$\quad\quad W_4$——安全储水量。

依据《室外给水设计标准》GB 50013—2018，当管网无调节构筑物时，在缺乏资料情况下，清水池的有效容积可按水厂最高日设计水量的 10%～20% 确定。

水塔的有效容积，除了储存调节水量之外，还需要储存室内消防用水量。因此，水塔的有效容积为：

$$W = W_1 + W_2 \ (\text{m}^3) \tag{3-5}$$

式中　W——水塔的有效容积，m^3；

$\quad\quad W_1$——水塔的调节容积，m^3；

$\quad\quad W_2$——室内消防储水容积，按 10min 室内消防用水量计算，m^3；

在缺乏资料时，一般水塔容积可按最高日用水量的 2.5%～3% 至 5%～6% 来计算，城市用水量大时取低值。工业用水可按调节、事故和消防等生产要求确定水塔容积。

3.2 给水系统的水压关系

我们已经探讨了给水系统的流量关系。其实，各组成部分每小时的流量，都对应着特定的压力，流量和压力是给水系统关键的工作参数，保证系统流量和压力的设备及构筑物包括泵站和水塔等。那么接下来，我们就继续来探讨给水系统的水压关系，并进而确定水泵的扬程和水塔的高度。

3.2.1　泵站扬程的确定

水泵的扬程是指受单位重力作用的液体通过水泵后所获得的能量增值，也可以说是泵站所具备的能量。水泵扬程 H_P 等于静扬程 H_0 和水头损失 $\sum h$ 之和，即：

$$H_P = H_0 + \sum h \tag{3-6}$$

1. 一级泵站扬程的确定

静扬程需根据抽水条件确定。我们先来看一级泵站，如图 3-10 所示，一级泵站从吸水井抽水，送往水厂的前端水处理构筑物，通常是混合絮凝池，因此，一级泵站的静扬程 H_0 是指水泵吸水井最低水位与水厂的前端处理构筑物最高水位的高程差。

水泵在吸水、压水和输水过程中，还要克服水头损失，一级泵站需克服的水头损失 $\sum h$，包括水泵吸水管 h_S、压水管和泵站到混合絮凝池的输水管线的水头损失 h_d，即，$\sum h = h_d + h_S$。

所以，一级泵站的扬程为：

$$H_P = H_0 + h_d + h_S \; (\text{m}) \tag{3-7}$$

式中　H_0——静扬程，m；

$\quad\quad\ h_S$——水泵吸水管水头损失，m；

$\quad\quad\ h_d$——压水管和泵站到絮凝池的输水管线的水头损失，m。

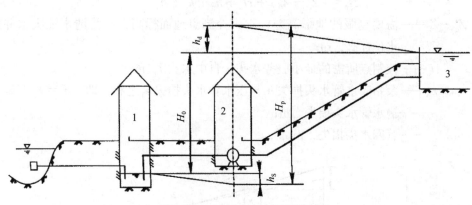

图 3-10　一级泵站的扬程计算

1—吸水井；2——一级泵站；3—絮凝池

2. 二级泵站扬程的确定

（1）管网控制点

在探讨二级泵站的扬程之前，我们先来学习一个重要的概念——控制点。所谓控制点是指整个给水系统中，水压最不容易满足的点，又称为最不利点。只要这一点的水压能够满足要求，那么管网中所有的点就都能够满足要求。因此，控制点可以用来控制整个供水系统所需要的水压，也是计算管网水头损失的起点。

控制点一般应选择在地形最高的点，或距离供水起点最远的点，或自由水压要求最高的点。

在供水系统中，如果某一位置能够同时满足上述条件，那么该点一定是控制点。但实际往往并不是这样，多数情况下，只满足一个或两个条件，这时，几个点都可能成为控制点，这就需要通过分析、比较，具有科学、合理的依据，来确定控制点的最终位置。

最高时、消防时、最不利管段事故时、最大转输时等各种工况的控制点，即便是同一管网系统，也往往不是同一地点，需要根据具体情况，正确选择。

在选择控制点时，不用考虑个别的水压要求很高的特殊用户，比如说高层、工厂，这些用户对水压的要求应通过自行加压解决。

（2）无水塔管网的二级泵站扬程的确定

有了控制点这个概念作为铺垫，我们就可以继续计算二级泵站的扬程了。二级泵站的扬程与管网中是否设置了水塔有关。

当管网中不设置水塔时，如图 3-11 所示，二级泵站从清水池取水，直接把水送到用户。此时，二级泵站的扬程应满足两部分要求：第一，静扬程 H_{ST}，包括：把水从清水池吸水井的最低水位送到控制点需要克服的地形高差、满足控制点用户所要求的自由水压所必需的能量，即，$H_{ST} = (Z_c - Z_0) + H_c$；第二，需要克服输水过程中的水头损失 $\sum h$，包括：泵站内总的水头损失 h_p，以及输水管和管网的水头损失，h_c 和 h_n，即，$\sum h = h_p + h_c + h_n$。

所以，二级泵站所需扬程为静扬程和水头损失之和：

$$H_p = (Z_c - Z_0) + H_c + h_p + h_c + h_n \ (m) \qquad (3\text{-}8)$$

式中　$Z_c - Z_0$——需要克服的地形高差；Z_c 为控制点地面标高；Z_0 为清水池吸水井最低水位标高，m；

　　　H_c——控制点所需的最小服务水头（自由水头），m；

　　　h_p——泵站吸水管水头损失 h_s 与压水管水头损失 h_d 之和，即，$h_p = h_s + h_d$，m；

　　　h_c——输水管水头损失，m；

　　　h_n——管网水头损失，m。

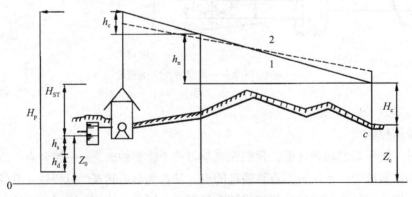

图 3-11　无水塔管网二级泵站的扬程计算

C—控制点；H_{ST}—静扬程；1—最低用水时水压线；2—最高用水时水压线

（3）有水塔管网的二级泵站扬程的确定

当管网中设置水塔时，以网前水塔为例，如图 3-12 所示，二级泵站只需供水到水塔，而通过水塔的高度来保证控制点的最小服务水头。所以，二级泵站的工作是把水从清水池吸水井的最低水位送到水塔的最高水位。二级泵站的扬程也应满足两部分要求：第一，静扬程，是指把水从清水池吸水井的最低水位送到水塔水柜的最高水位需要克服的高程差，即，$(Z_t - Z_0) + H_t + h_0$。第二，总水头损失 $\sum h$，包括：克服泵站内吸水、压水的水头损失 h_p，输水过程中的水头损失 h_c，即，$\sum h = h_p + h_c$。

$$H_p = (Z_t - Z_0) + H_t + h_0 + h_p + h_c \, (\text{m}) \tag{3-9}$$

式中 Z_t——建造水塔所在位置的地面标高，m；

Z_0——清水池吸水井最低水位标高，m；

H_t——水塔高度，m；

h_0——塔内的最大水深，m；

h_p——泵站内水头损失，m；

h_c——输水管水头损失，m。

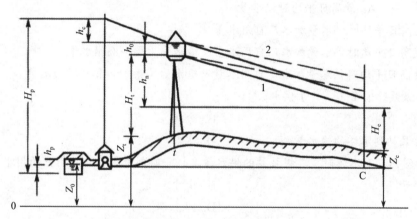

图 3-12 网前水塔管网二级泵站的扬程计算和水塔高度计算

3.2.2 水塔高度的确定

最后，我们来确定水塔的高度。仍以网前水塔为例，如图 3-12 所示，水塔的工作是靠重力作用将所需的水从水塔送到各用户，且满足控制点所需的最小服务水头。水塔通过其最低水位与控制点的高差来满足自身供水的要求，即，水塔的最低水位相对于控制点所具有的势能，$H_t + (Z_t - Z_c)$，这个势能需完成的工作包括：第一，满足控制点所需要的最小服务水头 H_c；第二，克服从水塔到控制点输配水过程中的总水头损失 $\sum h$。即，$H_t + Z_t - Z_c = H_c + \sum h$，将该方程式移项，得到水塔高度如下：

$$H_t = H_c + \sum h - (Z_t - Z_c) \, (\text{m}) \tag{3-10}$$

式中 Z_c——控制点地面标高，m；

Z_t——建造水塔所在位置的地面标高，m；

H_t——水塔高度，m；

H_c——控制点所需的最小服务水头（自由水头），m；

$\sum h$——从水塔到控制点的总水头损失，m。

从水塔高度的公式（3-10）可以看出，建造水塔所在位置的地面标高 Z_t 越大，水塔高度 H_t 越小，这就是水塔建在高地的原因。

大中城市一般不设水塔，因为大中城市的用水量大，水塔的容积小了不起作用，如果容积太大，造价又太高，况且水塔的高度一经确定，对今后供水管网的发展将产生限制。小城镇和工业企业可以考虑设置水塔。这样既可以缩短水泵的工作时间又可以保证恒定的水压。

课后题

第3章
练一练
选择题
扫码做

一、单选题

1. 从水源至净水厂的原水输水管（渠）的设计流量，应按（　　）确定。

A. 最高日平均时供水量

B. 最高日平均时供水量加水厂自用水量

C. 最高日平均时供水量加水厂自用水量及输水管（渠）漏损水量

D. 最高日平均时供水量加水厂自用水量及输水管（渠）和管网漏损水量

2. 一级泵站通常（　　）供水。

A. 均匀　　　　　　　　　　　　B. 分级

C. 按泵站到水塔的输水量　　　　D. 定时

3. 管网内设有水塔时，二级泵站的供水量在任一时刻都（　　）用户的用水量。

A. 大于　　　　　　　　　　　　B. 小于

C. 等于　　　　　　　　　　　　D. 以上都不对

4. 管网中设有水塔时，二级泵站的设计流量（　　）管网的设计流量。

A. 大于　　　　　　　　　　　　B. 小于

C. 等于　　　　　　　　　　　　D. 大于或小于

5. 某城市最高日用水量为 $15 \times 10^4 \text{m}^3/\text{d}$，用水日变化系数为 1.2，用水时变化系数为 1.4，水厂自用水系数为 1.1。若管网内已建有水塔，在用水最高时可向管网供水 $900\text{m}^3/\text{h}$，则向管网供水的供水泵房的设计流量应为（　　）。

A. $6250\text{m}^3/\text{h}$　　　　　　　　　　B. $7500\text{m}^3/\text{h}$

C. $7850\text{m}^3/\text{h}$　　　　　　　　　　D. $8750\text{m}^3/\text{h}$

6. 关于给水系统的流量关系叙述正确的是（　　）。

A. 给水系统中各构筑物均以平均日流量为基础进行设计

B. 取水构筑物流量按平均日流量、水厂自用水系数及一级泵站每天工作时间共同确定

C. 水塔（高地水池）的调节容积依据用水量变化曲线和二级泵站工作确定

D. 清水池是取水构筑物和一级泵站之间的水量调节设施

7. 管网起端设水塔时，泵站到水塔的输水管直径按泵站分级工作线的（　　　）供水量计算。

A. 最大一级
B. 最小一级
C. 泵站到水塔输水量
D. 以上都不对

8. 管网末端设水塔时，以下用水量情况中必须由二级泵站和水塔同时向管网供水的是（　　　）。

A. 最高日用水量
B. 平均日用水量
C. 最高日最高时用水量
D. 最高日平均时用水量

9. 给水系统中，向配水管网输水的管道其设计流量应为（　　　）。

A. 二级泵站最大一级供水量
B. 最高日最高时用水量
C. 二级泵站最大供水量
D. 二级泵站最大供水量加消防流量

10. 城镇水厂清水池的有效容积，应根据水厂产水曲线、泵房供水曲线、自用水量及消防储水量等确定，并应满足消毒接触时间的要求。当管网中无水量调节设施时，在缺乏资料的情况下，一般可按水厂最高日设计水量的（　　　）计算。

A. 5%～15%
B. 10%～25%
C. 10%～20%
D. 15%～25%

11. 当一级泵站和二级泵站每小时供水量相近时，清水池的调节容积可以（　　　），此时，为了调节二级泵站供水量与用户用水量之间的差额，水塔的调节容积会（　　　）。

A. 减少；减少
B. 增加；增加
C. 增加；减少
D. 减少；增加

12. 如果二级泵站每小时供水量越接近用水量，水塔的调节容积越（　　　），清水池的调节容积越（　　　）。

A. 少；增加
B. 大；减少
C. 小；减少
D. 大；增加

13. 二级泵站供水线应尽量接近用户用水线，以减少水塔的调节容积，当二级泵站供水分级一般不应多于（　　　），否则不利于水泵机组的运转管理。

A. 2 级
B. 3 级
C. 4 级
D. 以上都不对

14. 配水管网的水压控制点，是指（　　　）。

A. 距水源配水点最远点
B. 配水区内地势最高点
C. 最大用水户所在地点
D. 服务水头最难于保证点

15. 配水管网设置一对置水塔，最高用水时其水压控制点应拟定在（　　　）。

A. 管网供水分界线上
B. 水塔水柜最高水位上
C. 用水区的火灾发生点
D. 用水区大用户所在点上

16. 当按直接供水的建筑层数确定给水管网水压时，其用户接管处的最小服务水头，1 层为（　　　），2 层为（　　　），2 层以上每增加 1 层增加（　　　）。

A. 8m；12m；4m
B. 8m；12m；2m

C. 10m；12m；2m
D. 10m；12m；4m

17. 某给水系统，自河流取水，河水经取水构筑物和一级泵房输送至水处理厂。一级泵房扬程计算中的静扬程为（　　　）。

A. 河流最低水位与处理构筑物最高水位高程差

B. 河流设计最低水位与处理构筑物水位高程差

C. 取水构筑物最低水位与处理构筑物最高水位高程差

D. 取水构筑物最低水位与首端处理构筑物最高水位高程差

18. 某给水系统，自河流取水，河水经取水构筑物和一级泵房输送至水处理厂。一级泵房扬程计算中的输水管水头损失，应按（　　　）计算。

A. 最高日最高时用水量加水厂自用水量

B. 最高日平均时用水量加水厂自用水量

C. 最高日最高时用水量加漏失水量

D. 最高日平均时用水量加漏失水量

二、多选题

1. 给水系统中，（　　　）按最高日最高时流量进行计算。

A. 水处理构筑物
B. 二级泵站

C. 无水塔管网中的二级泵站
D. 管网设计供水量

2. 清水池的作用包括（　　　）。

A. 调节一级泵站与二级泵站供水量的差额

B. 储存水厂自用水量

C. 储存消防水量

D. 保障供水安全

三、思考题

1. 取用地下水水源时，取水构筑物、泵站和管网等按什么流量设计？

2. 清水池和水塔的作用是什么？其调节容积如何确定？在什么情况下需设水塔？

3. 在用水量曲线已知时，二级泵站工作线如何确定？

四、计算题

1. 某城市最高日需水量为 150000m³/d，时变化系数为 1.30，水厂自用水为 5%，管网内设有调节水池，最高时向管网供水 900m³/h，则一级泵房和二级泵房的设计流量分别为多少？（单位：m³/h）

2. 某城市最高日用水量为 27000m³/d，其各小时用水量如表 3-2 所示，管网中设有水塔，二级泵站分两级供水，从前一日 22 点到次日 6 点为一级，从 6 点到 22 点为另一级，每级供水量等于其供水时段用水量平均值。试进行以下项目计算：

（1）时变化系数；

（2）清水池和水塔调节容积。

某城市最高日各小时用水量　　　　　表 3-2

小时	0~1	1~2	2~3	3~4	4~5	5~6	6~7	7~8	8~9	9~10	10~11	11~12
用水量（m³）	803	793	813	814	896	965	1304	1326	1282	1181	1205	1216
小时	12~13	13~14	14~15	15~16	16~17	17~18	18~19	19~20	20~21	21~22	22~23	23~24
用水量（m³）	1278	1219	1171	1172	1238	1269	1375	1320	1311	1195	995	859

3. 某城市水塔所在地面标高为 20.0m，水塔高度为 15.5m，水柜水深 3m。控制点距水塔 5000m，从水塔到控制点的管线水力坡度以 $i=0.0015$ 计，局部水头损失按沿程水头损失的 10% 计。控制点地面标高为 14.0m，则在控制点处最多可满足多少层建筑的最小服务水头要求？

第 3 章
课后题
答案

第 4 章
给水管网的规划与布置

我们已从宏观的角度了解了给水系统的整体状况，在给水系统中，给水管网是保证供水到用户的重要环节，占工程总投资的50%～70%，是给水系统中投资最大的一个子系统，管网的运行动力费用和日常维修费用也是供水企业运行成本的主要组成部分。因此，给水管网的合理规划、准确设计和经济计算对降低给水工程的总体造价及保证供水的安全可靠性具有非常重要的意义。

4.1　给水管网的规划

　　给水管网规划是给水排水系统整体规划的重要内容之一，其研究对象包括：新建管网和改扩建管网。给水管网规划的具体目标包括：保证充分的水量、安全可靠的水压、经济合理的管网布置。同时，服从城市的整体发展规划，考虑分期建设的可能性，并留有一定的发展空间。给水管网规划的主要任务是：在满足水量、水压的前提下，确定一定年限内管网造价和管理费用总和最小的管网；对现状管网进行分析，了解管网的潜力，找出薄弱环节及设计不合理的地方，制定发展改造规划，用较少的投资成本来满足城市用水的需求和发展。

　　基础资料的收集是给水管网规划的主要工作之一，要尽可能详细和准确，要加强运行数据的采集分析，必要时，需专门测定流量、压力及管道粗糙系数等。通常，所需要的基础资料包括：用水量现状，流量、压力、粗糙系数、爆管、漏损等现有管网运行情况；是否存在水压不足、管道流速和水头损失过大、水泵效率低等问题；规划发展水量的分布情况及服务压力要求，住宅、工业、公共设施的用水特点、发展和建设安排；城市道路规划和城市地形情况等。

　　规划用水量预测需要对用水量的历史资料进行调研、收集和分析。工业用水量要考虑城市发展定位、工业结构调整、技术更新、用水节约与重复利用率变化等因素。生活用水量要考虑居民生活水平、用水增长率等因素。当工业生产、居民生活水平发展到一定阶段时，用水量增长速度会变慢，甚至出现下降，之后，逐渐趋于稳定。因此，要考虑合适的增长率和用水指标，使规划水量既能符合实际状况，又能适应未来发展。

　　由于给水管网是按照最高日最高时用水量计算的，因此，宜根据不同类型用水分别选用不同的日变化系数和时变化系数，使规划计算水量能较好地反映实际用水状况。有条件时可参考本地区同类型用水量变化规律资料，新城区规划时，应参考附近城区的用水量变化资料，对照现行规范合理选定。

　　建立给水管网模型是对管网进行科学合理的规划设计和运行管理的有效手段。在没有进行管网建模的情况下，可将供水的区域划分成块，分别统计汇总。管网划分的界线可结合管网布局、河流、铁路、行政区划、抄表区划、城市规划等条件进行确定。

4.2　给水管网的布置原则及形式

1. 布置原则

　　给水管网的布置应遵循《城市给水工程规划规范》GB 50282 等国家规范和标准：给水管网布局应根据城市总体规划、用水分布、城市供水方式等确定；当城市地形高差显著、供水范围大、工业生产用水量大及水质和水压要求不同时，需要考虑是否分区、分质供水；保证供水安全可靠，城市管网宜规划布置成环状，当局部管道发生事故时，仍能不间断供水；应结合城市规划、给水系统的重要性、给水工程分期建设的情况和管网内有无调节水库统筹考虑输水管和主要干管的条数，尽可能形成有不同方向来水，或几条干管分担供水、其间以连通管连接的网络；保证就近供水的原则，在考虑安全供水和排管条件许可情况下，管网布置应力求沿最短距离敷设和就近供水，以节约管网造价和日常费用，因此管网布置中干管的延伸方向应尽可能和水厂到大用户或主要用水区的水流方向一致，干管选择从两侧用水量较大的道路通过，不宜布置在供水区最外围。对于多水源供水的管网，每个水源各有其合理的供水范围。另外，管网布置还要考虑协调好与其他管道关系；尽量减少拆迁，少占农田；施工、运行和维护方便；远近期结合，留有发展余地。

2. 布置形式

给水管网有各种各样的布置形式，基本形式是树状网和环状网。

树状网的管线布置像树枝，如图 4-1 所示，干管向供水区延伸，随着用水量的减少，管线的管径逐渐缩小。树状网的管线长度较短，构造简单，供水直接，造价低。但树状网的供水可靠性差，因为树状网中任何一个管段损坏，它后面的所有管段都会断水。同时，树状网末端用水量小，水流缓慢，因此，水质较差。树状网一般用于小城市和小型工矿企业。

环状网管道成环，如图 4-2 所示，是纵横连通的管网布置形式。环状网中任何一个管段损坏，可以关闭附近的阀门，与其他管线隔断，进行检修，这时，水还可以从连通的其他管线供给用户，因此，缩小了断水范围，供水的可靠性较高。由于管线相互连通，也减轻了水锤的危害，而树状网的管线则往往因水锤作用而损坏。但环状网的造价明显高于树状网。

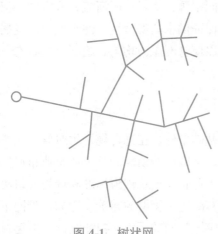

图 4-1　树状网

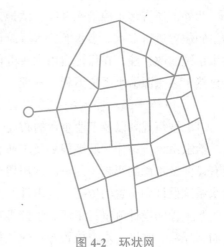

图 4-2　环状网

城镇配水管网应尽量成环。当允许间断供水时，可设为树状网，但应同时考虑将来连成环状网的可能性。通常，在城市建设初期可采用树状网，随着城市的发展逐步成环。很多城市的给水管网，是树状网和环状网相结合的形式，城市中心设置环状网，郊区则以树状网的形式向四周延伸。对于供水可靠性要求较高的工矿企业，采用环状网，并用树状网输水到个别较远的车间。

我们知道，给水系统按照供水方式分为：统一给水系统、分质给水系统、分区给水系统等，这也是给水系统的布置形式。

统一给水系统采用同一个系统，将相同的水质供给区域内的各种用水，包括生活、生产、消防等。目前大多数城市都是采用这种供水方式。统一给水系统管理方便、集中；水质统一；但是管网的压差比较大，能耗也较大，不利于漏损控制。

分质给水系统是按照供水区域内不同用户各自的水质要求，采用不同供水水质分别供水。分质给水系统可以是同一水源取水位置不同的分质；可以是同一水源、不同水处理过程和管网；也可以是不同水源的分质等；分质给水系统也包括处理工艺不同的分质。分质供水的方式管线比较复杂，但可以满足不同水质要求的用户，由于分出来了一部分水，可以减少处理构筑物的一部分管道费用，包括管道造价和运行费，但是被分出来的水要达到一定的比例，最终通过经济比较来确定，如果水量太小，单设水厂和管线就不够经济。

分区给水系统对不同区域进行相对独立的供水，包括并联分区和串联分区。并联分区通过同一级泵站进行供水，供水可靠、管理方便、简单，但是输水管通常都比较长。串联分区的输水管可以缩短，但是需要增设泵站。分区供水可以节约能耗，但同时增加了管网系统的造价，从城市沿河岸的发展状况来看，当城市沿着河流狭长发展时，输水管线不至于过长，可以采用并联分区，当城市发展垂直于等高线方向时，如果还用并联分区，就会出现输水管线过长的情况，既不经济也不安全，这时，就要采用串联分区。具体如何划分需要通过技术经济比较和能量分析，这将在后面详细介绍。

在选择给水系统布置形式的时候，统一、分区及分区的形式具体如何选择也要结合实际情况。因地制宜、实事求是。

此外，还有多水源给水系统，从地表、地下不同水源，或者不同河流，或者同一河流的不同位置进行取水。多水源给水系统可以更好的保证供水的安全性，便于城镇的发展和供水系统的改扩建，在保证自由水头的前提下，可以使管网压力均匀、趋于合理状态，但很显然，多水源给水系统不利于管理。

3. 影响给水系统布置的主要因素

（1）城镇规划以及工业企业的布局

给水系统应该作为城镇规划及工业企业布局的基础条件，在进行规划的时候，应考虑现有设施及水源的影响、用户的水压要求等。同时，又应以城镇规划及工业企业布局作为给水系统设计和布置的依据。这里涉及几个方面：工业企业建筑规模标准和计划人口决定了给水工程的设计流量；工厂、学校等功能区的分布决定了管网的布置，比如，管网干管走向、环数、水塔、水池位置等；建筑物的层数决定了管网的压力；农业灌溉，航运，旅游业的规划决定了取水位置和规模；城镇等级及企业重要性决定了给水的可靠性要求，比如，双输水管、双电源、双水源、管网成环等方式可更好地保障供水可靠性；给水系统按远期规划，近期设计，比如，泵组的选择满足近期供水需求，并预留远期泵组的安装位置；生产用水的要求也影响了给水系统的布置形式。

（2）水源条件

任何城镇都会因水源种类、水源距离给水区的远近、水源水质等条件的不同而影响给水系统的布置。对于水源的选择，如果该区域地下水水量丰沛且水质符合标准，是可以取用地下水作为水源的，因为与地表水相比，地下水水质较好，可降低水处理的费用，从取水位置考虑，也可降低输水管线的费用，节省工程造价。

同时，我国首部地下水管理的专门行政法规《地下水管理条例》于 2021 年 12 月 1 日起施行。依据当前"生态文明"的思想，以及深入贯彻的"绿色发展"理念，对于地下水的管理和保护工作越来越受到重视，所以在水源的选取上，也要按照实际情况，全面兼顾考虑。

采用高位水池、泉水等水源，可采用重力输水，降低能耗，但这时管网的服务面积较为局限，不利于发展。

如果附近水源贫乏，河水枯竭，地下水位下降深度大，就必须从远处水源取水，如，南水北调工程，干线总长度 4350km；哈尔滨磨盘山长距离输水工程，管线长度 176km。这种远距离输水增加了输水管的长度以及中途提升泵站的个数，对技术手段和安全性的要求也更高。

（3）地形条件

如我们刚说的并联分区、串联分区依据城市的发展进行选择。

综上，给水系统的设计是一项复杂的工作，也是一个规划性的问题。在多种影响因素下，应该根据原始资料，提出多个方案，进行技术经济比较，最终确定最佳方案。

4.3　给水管网的定线

我们已经在前面确定了流量，在进行给水管网的计算之前，还需要进行给水管网的定线。给水管网遍布整个给水区域，城市给水管网定线就是在地形平面图上确定管线的走向和位置。根据管道的功能，可分为干管、连接管、分配管、接户管。如图 4-3 所示，实线表示干管，虚线表示分配管。

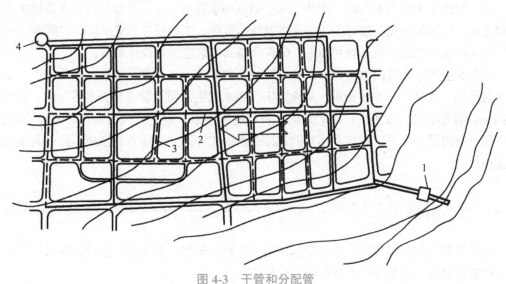

图 4-3　干管和分配管

1—水厂；2—干管；3—分配管；4—水塔

干管的主要作用是输水到各用水地区，同时也为沿线用户供水，干管的管径较大，一般在 $DN100$ 以上，随着城镇规模的不同，干管管径也有变化，中小城镇有时会小于 $DN100$，大城市一般在 $DN200$ 以上。

分配管的主要作用是从干管取水供给接户管和消火栓，分配管的管径一般不予计算，通常由城市消防流量所决定，要能够满足安装消火栓所需的最小管径，防止消防时管线水压下降过大。小城市的分配管管径通常在 $DN75 \sim DN100$；中等城市 $DN100 \sim DN150$；大城市 $DN150 \sim DN200$。

干管和分配管的管径并无明确的界限，需视管网规模而定，大管网中的分配管，在小型管网中可能是干管，大城市可略去不计的分配管，在小城市中可能不允许略去。

接户管是从分配管接到用户的管线，其管径按照用户的用水量而定。

通常，给水管网的布置和计算只限于干管及干管之间的连接管，不包括从干管到用户的分配管和接到用户的进水管。

给水管网的定线取决于城市的平面布置，供水区的地形，水源和调节构筑物的位置，街区和用户的分布，河流、铁路、桥梁的位置等，着重考虑以下方面：

（1）在进行管线定线的时候，干管的延伸方向要和二级泵站输水到水池、水塔、大用户的水流方向一致。以最短的距离，在用水量较大的街区布置一条或多条平行干管。如图 4-3 中的箭头所示。

（2）从供水的可靠性考虑，给水管网宜布置几条接近平行的干管并形成环状网；从经济上考虑，当允许间断供水时，可按树状网布置，但要同时考虑将来连接成环的可能。

（3）当管网布置成环状网时，干管间距可根据街区情况，为 500~800m；干管之间的连接管间距，根据街区情况为 800~1000m。

（4）干管一般按城市规划道路定线，但尽量避免在高级路面和重要道路下通过，以减少今后维修开挖工程量。

（5）城镇生活饮用水管网，严禁与非生活饮用水管网连接，严禁与自备水源供水系统直接连接。应尽量避免穿过毒物污染及腐蚀性的地区，如必须穿过应采取防护措施。

（6）给水管网的平面布置和埋深，应符合城镇的管道综合设计要求。

工业企业内给水管网的布置和设计应符合厂区的管道综合设计要求，按照生产、生活用水对水质、水量、水压的要求，来确定生产用水和生活用水管道是否需要分建、消防水管网是否需要单设；按照生产工艺对供水可靠性的要求，确定管网的形式。通常情况下，生产用水管网是环状网、双管和树状网相结合的形式。工业企业管网水质不同管网不能相互连接。

4.4 输水管渠的定线

输水管渠一般距离较长，常常穿越河流、公路、铁路、高地等，因此，输水管渠的定线显得较为复杂，也是给水系统设计的重要环节。

4.4.1　输水方式

输水管渠的输水方式可分成压力输水、重力输水及二者相结合输水,应通过技术经济比较后选定。

1. 压力输水方式

当水源低于给水区,例如,取用江河水时,要采用泵站加压输水,根据地形高差、管线长度和水管承压能力等情况,有时还要在输水途中再设置加压泵站。压力分级输水可减轻首级泵站的负担,降低管网压力,减少漏水量。

2. 重力输水方式

当水源位置高于给水区,例如,取用水库水、山泉水时,可采用重力管渠输水。可实现有效的节能。

哈尔滨的磨盘山长距离输水工程,就是利用天然的 120m 高差,重力自流输水。

3. 压力输水与重力输水结合的方式

长距离输水时,一般采用压力和重力相结合的输水方式,如图 4-4 所示,水池可提供事故调节水量,减轻水锤的危害。这种方式在我国比较常用。

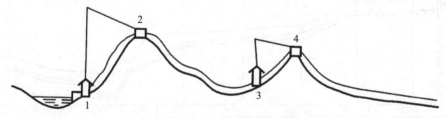

图 4-4　压力和重力相结合的输水方式

1,3—泵站;2,4—高地水池

4.4.2　输水管的定线原则

输水管定线时,如果有地形平面图,应先在图上初步选定几种可能的方案,然后到现场沿线踏勘了解。从投资、施工、管理等方面对各种方案进行技术经济比较后再确定。

多数情况下,往往没有地形图可以参考,只知道水源和水厂的位置,从水源到水厂或水厂到管网的地质条件是未知的。这时,需要在踏勘选线的基础上,进行地形测量,绘出地形图,然后在图上再来确定管线位置。

输水管的定线应按照《室外给水设计标准》GB 50013 等国家规范和标准的要求进行布设,应满足下列条件:

(1)必须与城市建设规划相结合。沿现有或规划道路敷设、缩短管线的长度,避开毒害物污染区以及地质条件不好的地段;减少拆迁、少占良田、少毁植被、保护环境;施工、维护方便,节省造价,运行安全可靠。

(2)输水管的设计流量按前面介绍的内容确定。从水源至净水厂的原水输水管渠,应按最高日平均时用水量加上水厂的自用水量及输水管渠的漏损水量作为设计流量。从净水厂至管网的清水输水管的设计流量，与是否设置水塔或高位水池等调节构筑物，以及调节构筑物在管网中的位置有关，应按最高日最高时用水条件下，由净水厂负担的供水量计算确定。

（3）城镇供水的事故水量应为设计水量的70%。原水输水管道应采用2条以上，并应按事故用水量设置连通管。多水源或设置了调蓄设施并能保证事故水量的条件下，可采用单管输水。

（4）在各种设计工况下运行时，管道不应出现负压。应在适当的位置设置排气装置。

（5）原水输送宜选用管道或暗渠（隧洞）；当采用明渠输送时原水时，应有可靠的防止水质污染和水量流失的安全措施。清水输送应采用有压管道（隧洞）。

（6）管道穿越河道时，可采用管桥或河底穿越等方式。

（7）对于输水距离超过10km的长距离输水工程，应进行深入的勘察和技术经济分析，来确定安全、经济的线路方案；应进行必要的水锤分析计算，并采取管路水锤综合防护设计；应设置测流、测压等装置。

图 4-5 为输水管的平面和纵断面图。

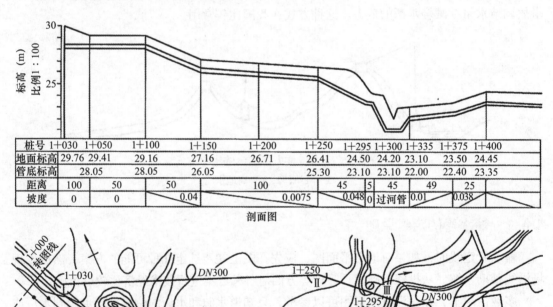

图 4-5　输水管的平面和纵断面图

课后题

一、单选题

1. 给水管网有两种基本的形式：树状网和环状网。管网形状取决于（　　）。

A. 工艺设备
B. 城市规划
C. 工程规模
D. 建设投资

2. 生产用水按照生产工艺对供水（　　）的要求，采用树状网、环状网或两者结合的形式。

A. 可靠性
B. 安全性
C. 经济性
D. 稳定性

3. 一般在城市建设初期可采用（　　）给水管网。

A. 环网状
B. 平行式
C. 垂直式
D. 树枝状

4. 城市管网（　　）是指在地形平面图上确定管线的走向和位置。

A. 布置
B. 定线
C. 确定管径
D. 分配

5. 干管一般按城市规划道路定线，但尽量避免在（　　）下通过。

A. 草地
B. 人行道
C. 车站
D. 高级路面和重要道路

6. 从管网干管到用户和消火栓的分配管管径至少为（　　）mm。

A. 80
B. 100
C. 120
D. 150

7. 一般（　　）在输水过程中沿程无流量变化。

A. 取水管
B. 送水管
C. 配水管
D. 输水管（渠）

8. （　　）内流量随用户用水量的变化而变化。

A. 取水管
B. 送水管
C. 配水管
D. 输水管（渠）

9. 输水干管一般不宜少于两条，当有安全储水池或其他安全供水措施时，也可修建一条输水干管。输水干管和连通管管根数，应按输水干管任何一段发生故障时仍能通过（　　）计算确定。

A. 事故用水量
B. 全部设计用水量
C. 最大小时用水量
D. 70%平均小时用水量

10. 在输水管（渠）、配水管网低洼处及阀门间管段低处，一般应根据工程需要设置（　　）。

A. 支墩   B. 空气阀

C. 减压阀   D. 泄（排）水阀

11. 输水管道和配水管网隆起点和平直段的必要位置上，应装设（　　　）。

A. 排气阀   B. 泄水阀

C. 检修阀   D. 切换阀

12. 当净水厂远离供水区时，从净水厂至配水管网间的干管也可作为输水管（渠）考虑。输水管（渠）按其输水方式可分为（　　　）。

A. 平行输水和垂直输水   B. 重力输水和压力输水

C. 枝状输水和环状给水   D. 直接给水和间接给水

13. 大高差、长距离、逆坡输水的压力输水管设置加压泵站的目的是（　　　）。

A. 减少能量费用   B. 简化运行管理

C. 降低管道水压   D. 保证供水安全

二、多选题

1. 关于管网定线叙述正确的是（　　　）。

A. 管网定线是在平面图上确定管线的走向和位置：包括干管、连接管、分配管、进户管

B. 管网布置应满足：按照城市规划平面图布置管网：保证供水安全可靠；管线遍布整个给水区，保证用户有足够的水量和水压；以最短距离敷设管线

C. 干管延伸方向应和二级泵站到水池、水塔、大用户的水流方向一致，平行敷设一条或几条干管，干管间距根据街区情况，一般可取 500～800m

D. 干管和干管之间的连接管使管网形成环状，连接管的间距可在 800～1000m

2. 单水源给水系统，输水管可以（　　　）。

A. 设置一条   B. 一条加安全水池

C. 平行两条   D. 平行两条加连通管

三、思考题

1. 给水管网布置应满足哪些基本要求？

2. 管网布置有哪两种基本形式？各适用于何种情况及其优缺点？

3. 什么是输水管渠？输水管渠定线时（尤为长距离）应考虑哪些方面？

第 4 章
课后题
答案

第 5 章
给水管网计算基础

5.1 给水管网计算的目标及步骤

有了各部分的设计流量,并完成管网定线,就可以进行给水管网的设计计算了。在有关管网的计算中常会提到设计和核算两个过程。

1. 设计

对于新建和改扩建的城市给水管网,都按照最高日最高时供水量,计算沿线流量、节点流量,求出管段流量,再根据所要求的管内经济流速,求出管径,进而计算水头损失,进行管网水力计算或技术经济计算,然后根据控制点的位置,求出水泵扬程,设置水塔时,还要计算水塔的高度。后面章节将对这些计算步骤分别进行阐述。

无论是新建管网,还是管网扩改建,计算步骤是一致的。但在管网扩改建的计算中,为了保证计算结果的准确,需要对现状资料进行深入的调研,比如说,现状管网的节点流量、水压、管道使用后的实际管径和管道阻力系数、因局部水压不足而需新敷设管段的位置,需放大管径的管段位置等。

2. 核算

在设计计算的基础上,按消防时、最大转输时、最不利管段发生事故时等工况,进行校核,来核算我们所确定的管径和扬程是否能够满足其他工况的水量和水压要求。

实际上,设计和核算这两个过程是相融相通的。

5.2 给水管网图形与简化

5.2.1 给水管网图形

在进行输配水管网的设计计算之前,我们先来看一下描述管网的常用术语。

首先是节点,节点包括:管网中用户水量的折算出流点、有集中流量进出、管道合并、分叉以及边界条件发生变化的地点,包括水源点,如泵站、水塔、高地水池,不同管径、不同材质的管道交接点,两个管段的交汇点等,这些节点都需要在管网计算图上标记出来。

两个相邻节点之间的管道,称为一个管段。

管段顺次连接,就形成管线。

如果某一段管线的起点和终点重合,就称为环。基环是环的最小单元,如果在一个环中不包含其他的环,称为基环。包含两个或两个以上基环的环,称为大环。

如图 5-1 所示,有 0-8,9 个节点,其中,1 和 8 是水源节点,0 是虚节点。有 1-2、2-3、3-4 等 11 条管段,其中,1-0 和 0-8 是 2 条虚管段。1-2-3-4-7-8 是一条从泵站到水塔的管线。2-3-6-5-2 构成的环 I 是一个基环,因为在这个环中不包含其他环,环 II 和虚环 III 也是基环。环 2-3-4-7-6-5-2 是一个大环,包含环 I、环 II 两个环。

在多水源供水管网中,为了计算方便,通常设置虚节点,把两个或两个以上水压已定的水源节点和虚节点连接起来,形成虚管段,虚管段和管线围成虚环。这些虚节点、虚管段、虚环实际上并不存在。如图 5-1 中的虚节点 0，虚管段 0-1、0-8 和管线 1-2-3-4-7-8 围成的虚环Ⅲ。

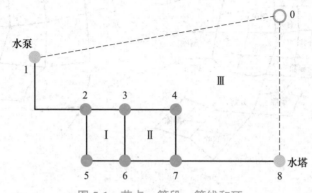

图 5-1　节点、管段、管线和环

对于任何环状管网，管网平面图的节点数 J，管段数 P、基环数 L，包括虚节点、虚管段、虚环，这三者之间满足下列关系：

$$P=J+L-1 \tag{5-1}$$

如图 5-1 所示，节点数 9，基环数 3，管段数 11，它们就满足这样的关系：$11=9+3-1$。

对于树状网，由于环数 L 是 0，所以，树状网管段数等于节点数减 1，即：

$$P=J-1 \tag{5-2}$$

可见，要将环状网转化为树状网，需要去掉 L 条管段，即每环去掉一条管段，管段去除后，节点数不变，由于每环去掉的管段可以不同，所以同一环状网可以转化为多种形式的树状网。

5.2.2　给水管网图形的简化

我们已经知道，给水管网的布置和设计计算只限于干管，并不是全部管线。对于城市管网的现状核算、管网扩改建等问题进行管网计算时，用到的其实都是简化后的管网，因为给水管线多、管径差别大，把全部的管线都加以计算，是没有必要的，也是不可能的。所以，在保证计算结果的前提下，对管网进行适当的简化，依然能够反映出实际用水情况，同时可以降低管网计算的工作量。管网越简化，工作量越小，但如果过于简化，计算结果就会与实际用水情况偏差过大。

管网简化的方法包括：

（1）分解：如果两个管网由一条或两条管线连接，可以把连接线断开，分解成两个管网，即，大系统拆分为多个小系统，分别计算。

（2）合并：对于管径较小，并且相互平行、靠近的管线，可进行合并。

（3）省略：对于水力条件影响较小、管径相对较小的管线可以省略，保留主干管线和干管线。省略全开阀门，保留调节阀、减压阀等。

如图 5-2 所示，通过合并、省略、分解，对管网进行简化后，基环的总数由 30 个减少到 7 个，计算工作量大大减少。

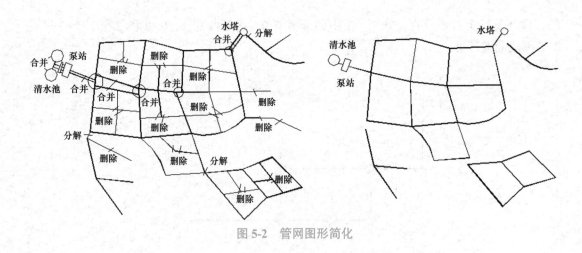

图 5-2　管网图形简化

5.3　管段流量

管段流量是计算管段水头损失、选择管径的重要依据。计算管段流量需要先求出比流量、沿线流量和节点流量。

5.3.1　比流量、沿线流量

1. 干管的配水情况描述

城市给水管线的干管和分配管，承接了各种用户，沿管线配水，供水给工厂、机关、旅馆等用水量大的大用户，也供给用水量较少的众多居民小用户，配水情况比较复杂。如图 5-3 所示，在配水管线上，大用户的集中配水量 Q_1，Q_2……，从距离最近的节点直接配出，数量众多的居民生活用水量 q_1，q_2……，从干管或分配管上沿线配出，这些流量大小不等，并且用水量经常发生变化，具有不均匀性和不确定性。

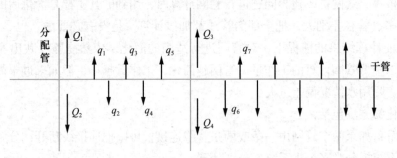

图 5-3　干管配水情况

2. 比流量（第一步简化：从杂乱分散，到均匀分散）

如果按照实际情况计算非常复杂，而且没有必要，因此，在管网进行设计计算时，为了计算方便，往往进行简化，使配水均匀化，即假定除大用户的用水量外，其余用水量均匀分布在全部干管上，由此算出干管管线单位长度的流量，叫做比流量，也称为长度比流

量 q_s，计算公式如下：

$$q_s = \frac{Q - \sum Q_i}{\sum l} [\,L/(m \cdot s)\,] \tag{5-3}$$

式中　Q——管网总设计用水量，L/s；

　　$\sum Q_i$——大用户集中用水量之和，L/s；

　　$\sum l$——干管总计算长度，m，不包括穿越广场、公园等无建筑物地区的管线。即如果是双侧配水的管线，计算长度等于实际长度。如果是单侧配水管线，计算长度按照实际长度的一半计。如果管线的两侧都不配水，管线长度不计。

由式（5-3）可见，干管的总长度一定时，比流量随用水量增减而变化，所以在管网计算时，须按不同工况不同用水量情况分别计算比流量。城市人口密度或房屋卫生设备条件不同的用水区，也应该根据各区的用水量和干管线长度，分别计算其比流量，以得出比较接近实际用水的结果。

但很显然，长度比流量法忽视了沿线供水人数和用水量的差别，在不同管段上，供水面积和供水居民数不同，配水量不会均匀，所以长度比流量法不能确切地反映各管段的实际配水量，因此，提出一种改进的计算方法——面积比流量法。面积比流量法是一种按该管段的供水面积决定比流量的计算方法，即假定沿线流量均匀分布在整个供水面积上，单位面积上的配水流量称为面积比流量 q_A，将式（5-3）中的管段总长度 $\sum l$ 用供水区总面积 $\sum A$ 代替，即得到 q_A 的计算公式：

$$q_A = \frac{Q - \sum Q_i}{\sum A} [\,L/(s \cdot m^2)\,] \tag{5-4}$$

式中　$\sum A$——干管供水区计算总面积，m^2。其余同式（5-3）。

如图 5-4 所示，供水面积的划分有两种方法：对角线法，供水面积是两侧三角区域之和；分角线法，从供水面积的四个角做角平分线，然后将供水面积划分成两边三角形、两边梯形的供水区域。

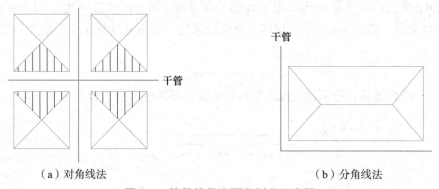

（a）对角线法　　　　　　　　　　　（b）分角线法

图 5-4　管段的供水面积划分示意图

与长度比流量法相比，面积比流量法的计算结果更接近实际配水情况，但计算过程比较复杂，当供水区域的干管分布比较均匀，干管间距大致相同时，就没必要采用面积比流量法了，用简便的长度比流量法也能够满足实际工程的需要。

3. 沿线流量

有了比流量，就可以进一步计算管段的沿线流量了。沿线流量是指供给该管段两侧用户所需流量，即比流量与所求管段计算长度或承担供水面积的乘积：

$$q_l = q_s l \ (\text{L/s})$$

或 (5-5)

$$q_l = q_A A \ (\text{L/s})$$

式中 q_l——管段沿线流量，L/s；

$\quad l$——该管段的计算长度，m；

$\quad A$——该管段承担的供水面积，m^2。

5.3.2 节点流量

沿线流量确定了，就可以计算节点流量了。

我们先来分析一下管段内的流量，它包括两个部分：一部分是沿线流量 q_l，沿该管段向两侧用户配水，对于某段管道而言，沿线流量沿水流方向逐渐减少，到管道末端变为零；另一部分是转输流量 q_t，是需要通过当前管段输送到下游管段的流量，所以，转输流量是沿整个管段保持不变的。因此，进入某一管段的总流量是：$q_l + q_t$，从该管段流出的流量是 q_t。

1. 节点流量的概念（第二步简化：从均匀分散，到节点出流）

管段沿程配水，流量逐段流出，管段的沿线流量是不断变化的，这样，就很难确定管径和水头损失，因此，需要对管段的供水进行进一步的简化。我们这样来简化，将原本沿途变化的沿线流量折算成从管段两端节点流出的流量，即，管段的沿程不再有流量流出，管段的流量也不再发生变化，管径和水头损失就可以确定了。将管段沿线流量按照适当的比例分配到两个节点上转换成从两个节点流出的流量就称为节点流量。

那么，应该如何转换成节点流量呢？我们把沿线流量分出来一部分，如果假设分出来的占比是 α，则分出的流量是 αq_l，从后面的节点流出，另一部分流量就是 $(1-\alpha) q_l$，从前面的节点流出，如图 5-5 所示。这样，沿管段通过的流量就变成了一个沿途不变的折算流量 q：

$$q = q_t + \alpha q_l$$ (5-6)

式中 α——折算系数，用来把沿线流量折算成在管段两端节点出流的流量。

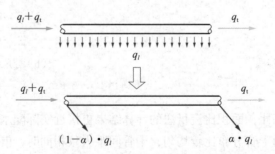

图 5-5 沿线流量折算成节点流量示意图

2. 折算系数的推导

折算流量应满足的关系是：折算流量所产生的水头损失，与实际沿线变化的流量所产生的水头损失相等，这样才说明我们的这种简化是正确的、有意义的。所以，接下来，我们需要分别求出：折算流量的水头损失，和实际沿线变化的流量所产生的水头损失。

（1）沿线变化的流量水头损失计算

如图 5-6 所示，通过该管段 1-2 任意断面，距 1 点距离为 x 的流量如下：

$$q_x = q_t + q_l \frac{L-x}{L} = q_l \left(\gamma + \frac{L-x}{L} \right)$$

式中，令 $\gamma = \dfrac{q_t}{q_l}$。

则，$\mathrm{d}x$ 段的水头损失如下：

$$\mathrm{d}h = a q_x^n \mathrm{d}x$$

$$\mathrm{d}h = a q_l^n \left(\gamma + \frac{L-x}{L} \right)^n \mathrm{d}x$$

对等式两边进行积分：

$$h = \int_0^L \mathrm{d}h = \int_0^L a q_l^n \left(\gamma + \frac{L-x}{L} \right)^n \mathrm{d}x$$

最终得到 h：

$$h = \frac{a}{n+1} q_l^n \left[(\gamma + 1)^{n+1} - \gamma^{n+1} \right] L$$

h 是通过该管段的沿程变化的流量 q_x 所引起的水头损失。

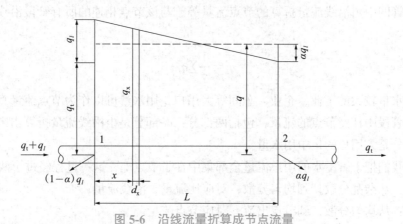

图 5-6　沿线流量折算成节点流量

（2）折算流量的水头损失计算

我们再来看折算流量 $q = q_t + \alpha q_l$ 所产生的水头损失 **h'**：

$$h' = a l q^n = a l q_l^n (\gamma + \alpha)^n,$$

依然令：$\gamma = \dfrac{q_t}{q_l}$。

根据我们的分析，两个流量所产生的水头损失应该相等，因此：

$$h = h'$$

把求得的两个水头损失分别带入，得到下式：

$$\frac{a}{n+1} q_l^n \left[(\gamma+1)^{n+1} - \gamma^{n+1} \right] L = a q_l^n L (\gamma+\alpha)^n$$

求解得到 α：

$$\alpha = \sqrt[n]{\frac{1}{n+1} \left[(\gamma+1)^{n+1} - \gamma^{n+1} \right]} - \gamma$$

n 通常取 2，则 α 变为下式：

$$\alpha = \sqrt{\frac{1}{3} \left[(\gamma+1)^3 - \gamma^3 \right]} - \gamma$$

$$(\gamma+1)^3 = \gamma^3 + 3\gamma^2 + 3\gamma + 1$$

$\therefore$

$$\alpha = \sqrt{\gamma^2 + \gamma + \frac{1}{3}} - \gamma$$

可见，α 只与 $\gamma = \dfrac{q_t}{q_l}$ 有关。

在管网末端：$q_t = 0$，$\gamma = 0$，$\alpha = \sqrt{\dfrac{1}{3}} = 0.577$；

在管网首端：$q_t \gg q_l$，$\alpha = 0.5$。

为了管网计算的方便，通常，统一按照 $\alpha = 0.5$ 来计算，也就是将管段沿线流量平分到两端的节点上。在解决实际工程问题的时候，这个精度已经足够了。

所以，管网中由沿线流量折算的节点流量等于与该节点相连的所有管段沿线流量总和的一半：

$$q_i = \frac{1}{2} \sum q_l \tag{5-7}$$

对于用水量较大的工业、企业、车间等大用户，用水量可以作为节点流量直接从节点配出。所以管段中任意节点的流量，包括两部分：一部分是由沿线流量折算出来的节点流量，另一部分是大用户的集中用水量。

至此，我们把干管配水的用户流量全部集中在了节点上，这一过程经过了两步简化：

第一步：从杂乱分散，到均匀分散，对应比流量、沿线流量；

第二步：从均匀分散，到节点出流，对应节点流量。

所以，对管网来讲，节点的选定使管网的计算更加方便，节点的位置和节点数量的多少直接影响了计算的精度，影响了计算结果与实际数值相符合的程度。通常，干管与连接管的交点，管径变化的点，大用户点，500~800m 的点等，都应作为节点。

5.3.3 管段计算流量

管网的设计工况对应的设计流量是最高日最高时流量，为了初步确定管段计算流量，必须按最大时用水量进行流量分配，得到各管段流量后，才能确定管径并进行水力计算，所以，流量分配是管网计算中的一个重要环节。

1. 节点流量连续性方程

依据已求出的节点流量，就可以进行管网的流量分配了，分配到各管段的流量已经包括了沿线流量和转输流量。

流量分配的原则是：要保持水流的连续性，要保证管网中的任何一个节点都必须满足节点流量平衡的条件，即节点的流量连续性方程，简言之，对于任何一个节点，流入该节点的流量必须等于流出该节点的流量，如果规定流入节点的流量为"−"，流出的为"+"，那么节点流量的平衡条件就可以表示为：

$$q_i + \sum q_{ij} = 0 \tag{5-8}$$

式中　　q_i——节点 i 的节点流量，L/s；

q_{ij}——从节点 i 到节点 j 的管段流量，即连接在节点 i 上的各管段的流量，L/s。

2. 树状管网的流量分配

在单水源树状管网中，从水源供水到各节点，水流方向是唯一的，各管段的流量具有唯一性，所以，树状管网的流量分配也具有唯一性。如果任一管段发生事故，则该管段以后的地区就会断水，各管段的流量等于该管段顺水流方向之后的所有节点流量之和。

如图 5-7 所示，箭头表示水流方向，每个节点处，斜向箭头表示节点流量，我们逆着水流方向来列节点流量平衡条件：

对于节点 9：流入的流量是管段流量 q_{8-9}，流出的流量是节点流量 q_9，所以管段 8-9：$q_{8-9} = q_9$；

节点 10：流入的流量是 q_{8-10}，流出的是 q_{10}，所以管段 8-10：$q_{8-10} = q_{10}$；

节点 8：流入的流量是管段流量 q_{4-8}，流出的是 q_{8-9}、q_{8-10} 和 q_8，因为 $q_{8-9} = q_9$，$q_{8-10} = q_{10}$，所以管段 4-8：$q_{4-8} = q_{8-9} + q_{8-10} + q_8 = q_8 + q_9 + q_{10}$，是管段 4-8 之后的所有节点流量之和。

同样地，

管段 3-4：$q_{3-4} = q_4 + q_5 + q_8 + q_9 + q_{10}$

管段 1-2：$q_{1-2} = q_3 + q_4 + q_5 + q_6 + q_7 + q_8 + q_9 + q_{10}$

可见，树状网的流量分配比较简单，各管段只有唯一的流量值，易于确定。

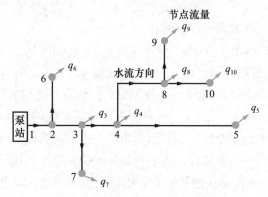

图 5-7　树状网管段流量计算

3. 环状管网的流量分配

环状管网的流量分配则比较复杂，由于环状管网的水流方向并不唯一，所以仅通过每个节点的流量平衡条件并不能够唯一确定每个管段的计算流量。环状管网分配流量时，必须保持每一节点的水流连续性，即满足节点流量连续性方程。

以图 5-8 为例，首先，根据水源到控制点的方向，可以确定三条干管线：0-1-2-3-4、0-1-5-6 和 0-1-7-8-9，干管水流方向如箭头所示。而四条连接管 5-3、5-8、6-4 和 6-9 的水流方向并不能唯一确定，我们可以拟定成如图 5-8（a）所示的水流方向，当确定了管网所有管段水流方向后，就可以列节点流量平衡条件了：

以节点 5 为例，流入该节点的流量是 q_{1-5}，从该节点流出的流量有 q_{5-3}、q_{5-6}、q_{5-8} 和节点流量 q_5，所以：$q_{1-5}=q_{5-3}+q_{5-6}+q_{5-8}+q_5$。

如果拟定成如图 5-8（b）所示的水流方向，那么节点 5 的流量平衡条件也变了，这时流入节点 5 点的流量有 q_{1-5}、q_{5-3}、q_{5-8}，流出的有 q_{5-6} 和 q_5，所以：$q_{1-5}+q_{5-3}+q_{5-8}=q_{5-6}+q_5$。

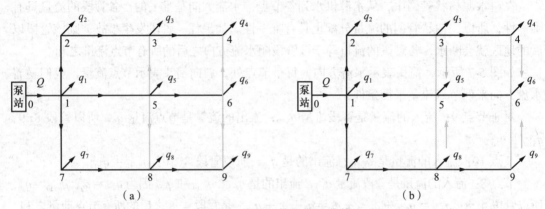

图 5-8　环状网管段流量计算

显然，水流方向不定，各个管段的计算流量是不能够唯一确定的。

我们仍拟定 a 水流方向，以节点 9 为例，流入节点 9 的流量有 q_{8-9}、q_{6-9}，流出的流量有 q_9，可见，对于节点 9 来说，节点流量 q_9 已知时，各管段的流量 q_{8-9}、q_{6-9} 可以有不同的分配方法和不同的管段流量，需要确定水流方向后，人为假定各管段的流量分配值，我们称之为流量的预分配，依此确定经济管径。

同理，对于节点 1，满足：$Q=q_{1-2}+q_{1-7}+q_{1-5}+q_1$，可见，即使进入管网的总流量 Q 和节点流量 q_1 已知，管段 1-2、1-7、1-5 的流量 q_{1-2}、q_{1-7}、q_{1-5} 还是可以有不同分配流量，如果对其中的一条，比如管段 1-5 分配很大的流量，而对管段 1-2、1-7 分配很小的流量，只要使得 $Q=q_{1-2}+q_{1-7}+q_{1-5}+q_1$，依然满足水流的连续性，而且也比较经济，但这时，却明显存在供水的安全性问题，因为当流量很大的管段 1-5 损坏需要检修时，全部流量必须在管段 1-2、1-7 中通过，由于当初分配的流量小，确定的管径小，所以，事故检修时管段 1-2、1-7 水头损失过大，会影响整个管网的水量或水压。

可见，环状管网每一管段的流量分配是不唯一的，满足节点的流量连续性方程的流量分配方案可以有很多种，因为流量分配不同，每种分配方案所得的管径也不同，管网总造价也会略有差异，但无论怎样分配，都应保证供管网的水量、水压。造价问题和供水的安全可靠性往往是矛盾的，因此，环状网管段流量分配的基本原则是在满足供水可靠性的前提下，兼顾经济性。可靠性是指，能够向用户不间断的供水，并且保证应该有的水量、水质和水压。经济性是指，流量分配后得到的管径，应该满足一定的年限内，管网的建造费用和管理费用之和为最小。

研究结果显示，在现有的管线造价指标下，环状网只能得到近似而不是最经济的流量分配方案，在流量分配时，只有使环状网中某些管段的流量为零，即将环状网转化为树状网，才能得到最经济的流量分配，但树状网并不能保证安全可靠的供水，详见第 7 章。

环状网管段流量分配的相关步骤及原则如下：

（1）在遵循基本原则的条件下，按照管网的主要供水方向，初步拟定各管段的水流方向，并选定整个管网的控制点，主要设计流量应以较短路线流向大用户和主要供水区域，且避免出现设计流量特别小的管段和明显不合理的管段流向。

（2）为了安全可靠地供水，从二级泵站到控制点之间选定几条主要的平行干管，这些平行干管线中尽可能均匀地分配流量，并且满足节点流量平衡的条件，这样，当其中一条干管损坏，流量由其他干管转输时，不会使这些干管中的流量增加过多。

（3）和干管线垂直的连接管，主要是沟通平行干管之间的流量，有时起到输水作用，有时只是就近供水到用户，平时流量一般不大，只有在干管损坏时才转输较大的流量，因此，连接管中可分配较少的流量。

由于实际管网的管线错综复杂，大用户位置不同，上述原则和步骤必须结合实际情况，分析水流具体状况再加以确定。

对于多水源的管网，应由每一水源的供水量定出其大致的供水范围，各水源之间应至少有一条有较大过流能力的管道，以便于水源之间供水量的相互调剂及低峰用水时向水塔输水。初步确定各水源的供水分界线，然后从各水源开始，循供水主流方向，按每一节点均符合节点流量平衡条件的原则，兼顾经济性和可靠性，向供水分界线方向逐节点进行流量分配。位于分界线上各节点的流量，往往由多个水源同时供给，各水源供水流量应等于该水源供水范围内的全部节点流量加上供水分界线上由该水源供给的那部分节点流量之和。

环状网流量分配后可得到各管段的初步分配流量，此分配值是预分配，用来选择管径，环状管网各管段计算流量和水头损失的最终数值必须由平差计算的结果来确定。

5.4　管径计算

确定管网中每一管段的管径是输配水系统设计计算的主要内容之一，管段的管径应该按照最高日最高时分配给各管段的计算流量进行确定。依据管径和流量的关系，当管段流量已知时，管径可按下式计算确定：

$$D = \sqrt{\frac{4q}{\pi v}} \tag{5-9}$$

式中　D——管段直径，m；

　　　q——管段流量，m^3/s；

　　　v——流速，m/s。

由式（5-9）可知，管径不但和管段的流量有关，还和流速有关，在各管段流量已知的条件下，要想确定管径，还要先选定流速。

水流速度的选择要从技术和经济两方面来考虑。为了防止管网因水锤现象出现事故，在技术上，最大设计流速不应超过 2.5～3.0m/s；在输送浑浊的原水时，为了避免水中悬浮物在管内沉积，最低流速通常不得小于 0.6m/s。可见，在技术上允许的流速范围是比较大的，因此，还需要在上述流速范围内，根据当地的经济条件，考虑管网的造价和经营管理费用，来选定合适的流速。

由式（5-9）可以看出，当流量一定时，管径与流速的平方根成反比，如果流速选得大一些，管径就会减小，相应的管网造价可以降低，但水头损失增加，所需要的水泵扬程增大，从而使经营管理费用，主要是电费增大。同时，由于流速大，管内的压力高，由水锤而引起破坏的可能性也随之增大。相反，如果流速选得小一些，管径增大，管网的造价会增加，但由于水头损失减小，可以节约电费，使经营管理费用降低。因此，管网造价和经营管理费用这两项经济因素是选取流速的关键，合理的流速应该使得在一定的年限，即投资偿还期内，管网造价和运行费用之和最小，这时的流速称为经济流速，按经济流速来确定的管径称为经济管径。

设 C 为一次投资的管网造价，M 为每年的运行管理费用，则在投资偿还期 t 年内的总费用 W_t 可表示为 C 和 $M \cdot t$ 之和，如式（5-10）所示：

$$W_t = C + Mt \tag{5-10}$$

每年的运行管理费用 M 包括折旧大修费 M_1 和电费 M_2，即 $M = M_1 + M_2$。折旧大修费 M_1 与管网造价有关，可按管网造价的百分数计，即 $M_1 = \dfrac{p}{100}C$，p 表示管网的折旧和大修率。则 W_t 可进一步表示为式（5-11）：

$$W_t = C + Mt = C + (M_1 + M_2)t = C + \left(\frac{p}{100}C + M_2\right)t \tag{5-11}$$

如以一年为基础，求出年折算费用，即有条件地将造价折算为一年的费用，则得年折算费用 W 如式（5-12）所示：

$$W = \frac{C}{t} + M = \frac{C}{t} + M_1 + M_2 = \left(\frac{1}{t} + \frac{p}{100}\right)C + M_2 \tag{5-12}$$

年折算费用和流速的关系如图 5-9 所示，横坐标表示流速 v，纵坐标表示年折算费用 W。v 越大，D 越小，管网造价 C 越低，折旧大修费 M_1 越低，电费 M_2 越高，在横坐标上取不同的流速值 v，把对应的 C、M_1、M_2 加和，就得到管网的年折算费用 W，W 有一个最低值，对应经济流速，记为 v_e。

年折算费用和管径具有类似的关系，如图 5-10 所示，横坐标表示管径 D，纵坐标表示年折算费用 W。D 越大，C 越高，M_1 越高，M_2 越低，同样，W 也会出现一个最低值，对应经济管径，记为 D_e。

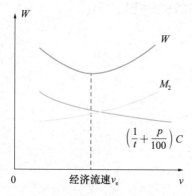

图 5-9　年折算费用和流速的关系

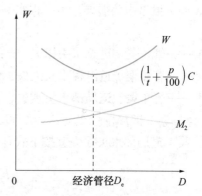

图 5-10　年折算费用和管径的关系

各城市的经济流速值是不同的，不能直接套用其他城市的数据，应按照当地条件，如水管材料和价格、施工条件、电费等，同时依据各地区的设计资料及技术经济条件来计算。有了经济流速 v_e 就可以求得经济管径 D_e。给水管有标准管径，按式（5-9）算出的管径不一定是标准管径，这时可选用相近的标准管径。

我们上面的分析是从单一管段着手，流量不变，管长已知，管径全长都不变，但实际管网非常复杂，管道全长包括不同的流量和管径，每个管段的经济流速和管径本来就是不同的，因此，要找到最为经济的流速和管径，本身就非常复杂。而实际管网又不断变化，流量增加、管网扩建、管道价格、电费也随时变化。因此，要从理论上计算管网造价和年管理费用相当复杂，并且有一定的难度。在条件不具备时，我们在设计中可采用各地统计资料计算出的平均经济流速来确定管径，得出的是近似经济管径，如表 5-1 所示。

平均经济流速　　　　　　　　　　　　　　　　　　　　　　表 5-1

管径 D（mm）	平均经济流速 v_e（m/s）
100~400	0.6~0.9
≥400	0.9~1.4

有时也可简便地应用"界限流量表"（表 7-1）确定经济管径，详见第 7 章。

以上是水泵加压供水时经济管径的确定方法，所以在求经济管径时，考虑了抽水所需的电费，而在重力供水时，由于水源水位高于给水区所需水压，两者的高程差可使水在重力作用下流动，此时的经济管径或经济流速，应按照设计流量时，输配水系统总水头损失等于或略小于可以利用的水位标高差来确定。

5.5　水头损失计算

有了管段的设计流量，确定了经济管径，就可计算水头损失。

水头损失的计算可依据国家现行标准《室外给水设计标准》GB 50013、《建筑给水排水设计标准》GB 50015、各种塑料管道技术规程等。

1. 管（渠）道总水头损失

管（渠）道总水头损失，是沿程水头损失和局部水头损失之和：

$$h_z = h_y + h_j \qquad (5-13)$$

式中　h_z——管（渠）道总水头损失，m；

　　　h_y——管（渠）道沿程水头损失，m；

　　　h_j——管（渠）道局部水头损失，m。

2. 管（渠）道局部水头损失

管（渠）道局部水头损失宜按下式计算：

$$h_j = \sum \zeta \frac{V^2}{2g} \qquad (5-14)$$

式中　ζ——管（渠）道局部水头阻力系数，可根据水流边界形状、大小、方向的变化等选用。

管道局部水头损失与管线的水平及竖向平顺等管道敷设情况有关。长距离输水管道局部水头损失一般占沿程水头损失的 5%～10%，在没有过多拐弯的顺直地段，管道局部水头损失可按沿程水头损失的 5%～10% 计算；在拐弯较多的弯曲地段，管道局部水头损失按照实际配件的局部水头损失之和计算。

实际上，局部水头损失，和沿程水头损失相比很小，产生的误差也很小，通常可忽略不计。因此，配水管网水力计算中，一般不考虑局部水头损失，主要考虑沿程水头损失。

3. 管（渠）道沿程水头损失

对于沿程水头损失，目前管网计算时常用的水头损失公式如下：

（1）塑料管及采用塑料内衬的管道：

$$h_y = \lambda \cdot \frac{l}{d_j} \cdot \frac{v^2}{2g} \qquad (5-15)$$

式中　λ——沿程阻力系数；

　　　l——管段长度，m；

　　　d_j——管道计算内径，m；

　　　v——过水断面平均流速，m/s；

　　　g——重力加速度，m^2/s。

（2）混凝土管（渠）及采用水泥砂浆内衬管道：

$$h_y = \frac{v^2}{C^2 R} l \qquad (5-16)$$

$$C = \frac{1}{n} R^y \qquad (5-17)$$

式中　C——流速系数；

　　　R——水力半径，m；

　　　n——粗糙系数；

　　　y——指数。

（3）输配水管道：

输配水管道、管网水力计算采用海曾－威廉公式计算：

$$h_y = \frac{10.67q^{1.852}}{C_h^{1.852}d_j^{4.87}}l \qquad (5-18)$$

式中　q——设计流量，m^3/s；

　　　C_h——海曾－威廉系数的取值，可参见表 5-2。

海曾－威廉系数 C_h　　　　　　　　　　　　表 5-2

管道材料	C_h	管道材料	C_h
塑料管	150	新铸铁管、涂沥青或水泥的铸铁管	130
石棉水泥管	120～140	使用 5 年的铸铁管、焊接钢管	120
混凝土管、焊接钢管、木管	120	使用 10 年的铸铁管、焊接钢管	110
水泥衬里管	120	使用 20 年的铸铁管	90～100
陶土管	110	使用 30 年的铸铁管	75～90

海曾－威廉系数 C_h 值主要适用于水力过渡区中 $v=0.9m/s$ 的流速范围。因此，为了正确使用海曾－威廉公式，还应进一步理解和修正海曾－威廉系数 C_h 值。在管道水力计算中，掌握海曾－威廉系数 C_h 值的变化情况，修正海曾－威廉系数，可提高沿程水头损失计算的准确性，使得管网的水力计算更加科学，具有工程应用价值。

5.6　管网计算基础方程

管网计算的目的在于：求出泵站、水塔等各水源节点的供水量、各管段中的流量和管径，以及全部节点的水压。

管网计算时，节点流量、管段长度、管径和摩阻系数等为已知，需要求解的是管网各管段的流量或水压。所以，P 个管段就有 P 个未知数，需要 P 个方程，由式（5-1），环状网计算时必须列出 $P=J+L-1$ 个方程，才能求出 P 个管段流量。

管网计算的原理是基于质量守恒和能量守恒，由此得出连续性方程和能量方程。

连续性方程我们已经介绍过了，是指对任一节点来说，流入该节点的流量必须等于从该节点流出的流量。如果管网有 J 个节点，可写出 $J-1$ 个独立方程，因为其中任一方程可从其余方程导出。表示为下列方程组：

$$\begin{cases} (q_i + \sum q_{ij})_1 = 0 \\ (q_i + \sum q_{ij})_2 = 0 \\ \cdots \\ (q_i + \sum q_{ij})_{J-1} = 0 \end{cases} \qquad (5-19)$$

能量方程表示管网每环中各管段的水头损失总和等于零的关系，即 $\sum h_{ij}=0$。设水流顺时针方向的管段，水头损失为"＋"，逆时针方向的为"－"。由此得出下列方程组：

$$\begin{cases} \sum(h_{ij})_{\text{I}}=0 \\ \sum(h_{ij})_{\text{II}}=0 \\ \cdots \\ \sum(h_{ij})_{\text{L}}=0 \end{cases} \tag{5-20}$$

式中　Ⅰ，Ⅱ，…，L——管网各环的编号；

　　　　下标 ij——从节点 i 到节点 j 的管段。

若水头损失用指数形式表示，即：

$$h_{ij}=s_{ij}q_{ij}^{n} \tag{5-21}$$

则式（5-20）可写成：

$$\begin{cases} \sum(s_{ij}q_{ij}^{n})_{\text{I}}=0 \\ \sum(s_{ij}q_{ij}^{n})_{\text{II}}=0 \\ \cdots \\ \sum(s_{ij}q_{ij}^{n})_{\text{L}}=0 \end{cases} \tag{5-22}$$

式中　s_{ij}——管段摩阻。

可以列出 L 个这样的方程，总方程数：$(J-1)+L$，等于 P，P 个方程，P 个未知数，联立求解，可得到各管段流量，如式（5-23）所示：

$$\begin{cases} q_i+\sum q_{ij}=0 \\ \sum h_{ij}=0 \end{cases} \tag{5-23}$$

在给水管网中，所有管段都与两个节点关联，根据能量守恒规律，任一管段两端节点的水压和该管段水头损失之间有下列关系：

$$H_i-H_j=h_{ij} \tag{5-24}$$

式中　H_i，H_j——从某一基准面起的管段起端 i 和终端 j 的水压，m；

　　　　h_{ij}——管段 ij 的水头损失，m。

该方程称为管段的压降方程，由压降方程式（5-24）和水头损失公式（5-21）可以导出：

$$q_{ij}=\left(\frac{h_{ij}}{s_{ij}}\right)^{1/n}=\left(\frac{H_i-H_j}{s_{ij}}\right)^{1/n} \tag{5-25}$$

将式（5-25）代入连续性方程（5-8）中，可得到节点流量和节点水压之间的关系式：

$$q_i=\sum_1^N\left[\pm\left(\frac{H_i-H_j}{s_{ij}}\right)^{1/n}\right] \tag{5-26}$$

式中　N——连接该节点的管段数。

方括号内的正负号视进出该节点的各管段流量方向而定。

我们这一章学习的是给水管网计算的基础，后面要进行的管网水力计算，实质上就是以这一章为基础，联立求解连续性方程、能量方程和管段压降方程，这一章的内容也会在下一章通过案例进一步学习理解。

课后题

一、单选题

1. 管道设计中可采用平均经济流速来确定管径，一般大管径可取较大的平均经济流速，如 $DN \geqslant 400mm$ 时，平均经济流速可采用（　　）。

A. 0.9～1.2 m/s
B. 0.9～1.4 m/s
C. 1.2～1.4 m/s
D. 1.0～1.2 m/s

2. 输送原水，为避免管内淤积，最小流速通常不得小于（　　）m/s。

A. 0.2
B. 0.6
C. 1.0
D. 1.5

3. 设计中可采用（　　）来确定管径。

A. 经济流速
B. 最低允许流速
C. 平均经济流速
D. 最低经济流速

4. 为防止管网发生水锤现象，最大流速不得超过（　　）m/s。

A. 2.0～2.5
B. 2.5～3.0
C. 3.0～3.5
D. 3.5～4.0

5. （　　）是从沿线流量折算得出的并且假设是在节点集中流出的流量。

A. 管渠漏失量
B. 节点流量
C. 沿线流量
D. 沿线流量和节点流量

6. 城市给水管线，干管和分配管上接出许多用户，沿管线配水，用水情况复杂，难以按实际用水情况来计算管网。因此，计算时往往加以简化，即假定用水量均匀分布在全部干管上，由此算出干管线单位长度的流量叫做（　　）。

A. 净流量
B. 比流量
C. 平均流量
D. 折算流量

7. 关于节点流量平衡条件，即公式 $q_i + \sum q_{i-j} = 0$，下列叙述正确的是（　　）。

A. q_i 为管网总供水量，q_{i-j} 为各管段流量
B. q_i 为各节点流量，q_{i-j} 为各管段流量
C. 表示流向节点 i 的流量等于从节点 i 流出的流量
D. 表示所有节点流量之和与所有管段流量之和相等

8. 对于如图 5-11 所示的管网，下述管段流量与节点流量的关系中，正确的是（　　）。

A. $q_5 + q_{5-6} = q_{2-5} + q_{4-5}$，$Q = q_{1-2} + q_{1-4} - q_1$
B. $q_5 + q_{5-6} = q_{2-5} + q_{4-5}$，$Q = q_{1-2} + q_{1-4} + q_1$
C. $q_{5-6} = q_{2-5} + q_{4-5}$，$Q = q_{1-2} + q_{1-4}$
D. $q_{5-6} = q_{2-5} + q_{4-5} + q_5$，$Q = q_{1-2} + q_{1-4}$

9. 某管网设有对置水塔，当管网用水量为最小时，泵站供水量为70L/s，节点流量如

图 5-12 所示，则节点 1 转输到水塔的流量为（　　）。

A. 100L/s   B. 40L/s

C. 30L/s   D. 0L/s

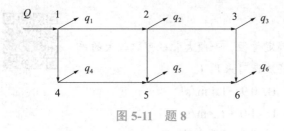 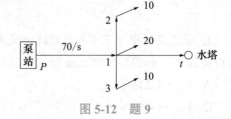

图 5-11 题 8   图 5-12 题 9

二、思考题

1. 管网简化的意义何在？如何进行管网简化？

2. 沿线流量是怎么转换为节点流量的？

3. 比流量的概念以及如何计算。

4. 在任何环状网中，都有 $P = J + L - 1$，这里 P、J、L 分别代表什么？

5. 环状管网计算有哪些方法？

三、计算题

1. 某城镇给水管网如图 5-13 所示，管段长度和水流方向标于图上，比流量为 0.04L/（L·ms），所有管段均为双侧配水，折算系数统一采用 0.5，节点 2 处有以集中流量 20L/s，计算节点 2 的节点流量。

2. 由一小镇树状管网如图 5-14 所示，各管段长度和水流方向标于图上，最高用水时的总流量为 60L/s，节点流量折算系数统一采用 0.5。节点均无集中流量，求管段 1-2 的计算流量。

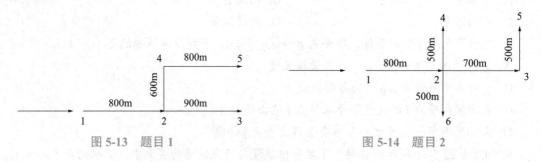

图 5-13 题目 1   图 5-14 题目 2

3. 某城镇最高日用水量 $Q = 300$L/s，其中节点 4 有集中工业用水量 $q = 90$L/s。干管各管段长度（m）如图 5-15 所示。其中管段 4-5、1-2、2-3 为单侧配水，其余为双侧配水，计算管网比流量 q_s 与节点 4 的节点流量。

4. 已知某城市最高日总用水量为 300L/s，其中工业集中用水量为 30L/s，在节点 3 流出，各管段长度和节点编号如图 5-16 所示，泵站至节点 4 两侧无用户。计算该管网的比流管段 2-3 的沿线流量为和节点 3 的节点流量。

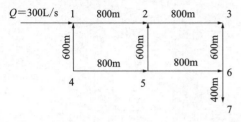

图 5-15　题目 3

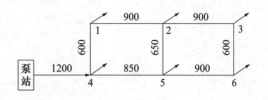

图 5-16　题目 4

第6章
给水管网水力计算

　　有了前面的基础，我们就可以进行给水管网的水力计算了。给水管网水力计算的任务是：在各种最不利条件下，求出管网各供水点的水压，由最不利供水点的水压，加上该点到二级泵站的水头损失，确定二级泵站的扬程和相应的流量。

6.1 树状网水力计算

　　小型给水工程和工业企业给水工程，在建设初期往往采用单水源树状网，以后，随着城市和用水量的发展，可根据需要，逐步连接成为环，并建设多水源。

　　图 6-1 为树状网水力计算流程图。单水源树状网的计算较为简单，主要原因是树状网的流量分配具有唯一性的特征，管段流量比较容易确定，只需要满足式（5-8）各节点流量平衡的条件。

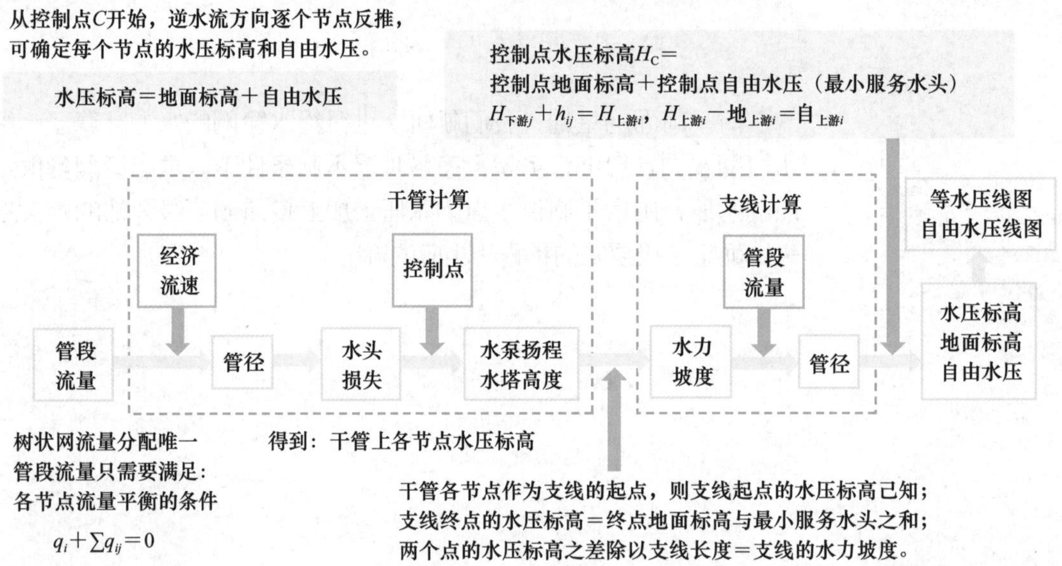

从控制点C开始，逆水流方向逐个节点反推，
可确定每个节点的水压标高和自由水压。

水压标高＝地面标高＋自由水压

控制点水压标高H_C＝
控制点地面标高＋控制点自由水压（最小服务水头）
$H_{下游j}+h_{ij}=H_{上游i}$，$H_{上游i}-$地$_{上游i}=$自$_{上游i}$

图 6-1　树状网水力计算流程图

　　各管段流量确定后，即可按经济流速确定管径，并计算得到各管段水头损失。

　　确定管网最不利点，也叫控制点，这个概念我们在前面介绍过，从二级泵站到控制点，选择一条干管，将此干管上各管段的水头损失相加，求出干管的总水头损失，进而确定二级泵站的扬程或水塔高度。若初选了几个点作为控制点，则使二级泵站扬程最大的管路为干管，相应的点为控制点。控制点的选择至关重要，控制点的作用是：只要该点水压达到最小服务水头，则整个管网的水压都会满足要求，不会出现水压不足的地区。如果控制点选择不当而出现某些地区水压不足，应重新选定。

　　干管计算完成后，可得出干管上各节点的水压标高。干管上的各节点是作为支线的起点，因此，在计算树状网的支线时，起点的水压标高已知，支线终点的水压标高等于终点地面标高与最小服务水头之和。这样，支线起点和终点的水压标高都可确定，两个点的水压标高之差除以支线长度，即得支线的水力坡度。根据支线上每一管段的流量，并参照该水力坡度选定相应的管径。

　　可见，树状网干线与支线确定管径的方法不同。干管可按经济流速确定管径，而支管的确定要参照水力坡度，充分利用起点的水压。

任一节点的水压标高、地面标高和自由水压之间满足下列关系：

水压标高＝地面标高＋自由水压

从控制点开始，逆水流方向逐个节点反推，可确定每个节点的水压标高和自由水压，即：

控制点水压标高＝控制点地面标高＋控制点自由水压（最小服务水头）；

下游节点水压标高＋上下游两节点之间管段的水头损失＝上游节点水压标高；

上游节点水压标高－该上游节点地面标高＝该上游节点自由水压。

根据所计算的管网各节点压力和地形标高，绘制等水压线和自由水压线图。

下面我们通过例题，进一步掌握树状网水力计算过程。

【例 6-1】某城市供水区最高日最高时供水量为 93.75L/s，要求最小服务水头为 157kPa（15.7m）。节点 4 接某工厂，工业用水量为 400m³/d，两班制，均匀使用。城市地形平坦，地面标高为 5.00m，管网布置如图 6-2 所示，试求水塔高度和水泵扬程。

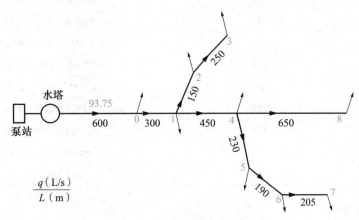

图 6-2　树状网水力计算图

解：

先来看管网图，从泵站供水到水塔，然后由水塔通过重力自由作用，供水到后面的树状管网。因城市用水区地形平坦，控制点选在离泵站最远的节点 8，干管线就是：水塔-0-1-4-8，其他的管线是支管线，管线上方标注的是每个管段的流量，下方是管长。

1. 管段设计流量的确定

我们可以根据题目条件先进行每个管段计算流量的确定。

（1）比流量

先来求管网的比流量，已知最高日最高时供水量，求比流量还需要确定管网总的计算长度：

水塔到节点 0 的管段共 600m，这段管段两侧无用户，不配水，不计入 $\sum l$，其他所有的管段都是两侧配水，计算管段总长度为：

$$\sum l = 300 + 450 + 650 + 150 + 250 + 230 + 190 + 205 = 2425m$$

工业用水量为 400m³/d，两班制，工作时间 16h，均匀使用，计算并单位换算：

$$\frac{400}{16 \times 3600} \times 1000 = 6.94L/s$$

所以，比流量等于：最高日最高时用水量 93.75L/s，减去大用户的集中用水量之和 6.94L/s，所得的差 86.81L/s 为居民生活用水量，再除以管段的计算总长度 2425m，就可求得长度比流量：

$$\frac{93.75 - 6.94}{2425} = 0.0358 \text{L}/(\text{m} \cdot \text{s})$$

（2）沿线流量

有了比流量，就可计算沿线流量。长度比流量乘以每个管段的计算长度，就可以得到每个管段的沿线流量，列入表6-1中，各管段沿线流量合计86.81L/s，也就是居民生活用水量。

沿线流量计算表

表 6-1

管段	长度（m）	沿线流量（L/s）
0～1	300	0.0358×300＝10.74
1～2	150	0.0358×150＝5.37
2～3	250	0.0358×250＝8.95
1～4	450	0.0358×450＝16.11
4～8	650	0.0358×650＝23.27
4～5	230	0.0358×230＝8.23
5～6	190	0.0358×190＝6.80
6～7	205	0.0358×205＝7.34
合计	2425	86.81

（3）节点流量

有了沿线流量，就可计算节点流量。节点流量等于与该节点相连的所有管段沿线流量之和的一半。节点总流量是沿线流量折算的节点流量和集中流量的和。

比如节点2，与节点2相连的管段有1-2，2-3，我们把刚刚计算的这2个管段的沿线流量加和，再乘以0.5，就得到节点2的节点流量：

$$0.5 \times (5.37 + 8.95) = 7.16 \text{L/s}$$

再比如节点4，节点4除了由沿线流量乘以0.5所得到的节点流量外，还有工业用水集中流量6.94L/s，因此，节点4的流量应该为这两部分之和，计算结果是30.74 L/s。

各节点总流量加和应该是管网的总用水量93.75L/s。把计算得到的节点流量列入表6-2中，并标注在管网图中的节点上，如图6-3所示。

节点总流量计算表

表 6-2

节点	由沿线流量折算的节点流量（L/s）	集中流量（L/s）	节点总流量（L/s）
0	0.5×10.74＝5.37		5.37
1	0.5×（10.74＋5.37＋16.11）＝16.11		16.11
2	0.5×（5.37＋8.95）＝7.16	6.94	7.16
3	0.5×8.95＝4.48		4.48

续表

节点	由沿线流量折算的节点流量（L/s）	集中流量（L/s）	节点总流量（L/s）
4	$0.5 \times (16.11 + 23.27 + 8.23) = 23.80$		30.74
5	$0.5 \times (8.23 + 6.80) = 7.52$		7.52
6	$0.5 \times (6.80 + 7.34) = 7.07$	6.94	7.07
7	$0.5 \times 7.34 = 3.67$		3.67
8	$0.5 \times 23.27 = 11.63$		11.63
合计	86.81	6.94	93.75

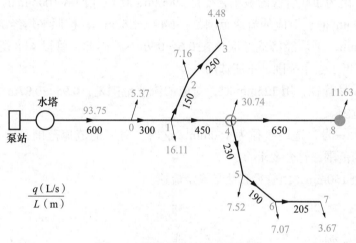

图 6-3　树状网节点总流量计算

（4）管段计算流量

有了节点流量，就可以确定每个管段的计算流量了。对于树状网而言，每个管段的计算流量都等于其后顺水流方向所有节点流量加和。所以，管段 4-8 的计算流量就应该等于 11.63，管段 1-4 的计算流量应该是其后节点 4、5、6、7、8 五个节点的流量加和，等于 60.63。其他管段的计算流量，也可一一进行确定，结果如图 6-4 所示。

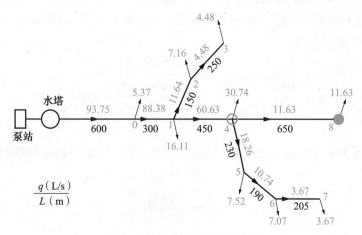

图 6-4　树状网管段流量计算

2. 干管的水力计算

确定了管段的计算流量，我们就可以进行管网的水力计算了，先来计算干管，干管可按经济流速确定管径。

这里，干管线是：水塔-0-1-4-8，已知的和已经计算得到的数值先列入干管的水力计算表 6-3 中。参照平均经济流速表（表 5-1）来确定管径、水力坡度 i 和流速 v。

（1）管径计算

先来看第一个管段 4-8，设计流量是 11.63L/s，取铸铁管，由《给水排水设计手册》（第 2 版）（第 1 册　常用资料）中的水力计算表，设计流量是 11.63L/s，介于 11.5L/s 和 11.75L/s 之间，因为市政管线的最小管径是 100mm，所以我们从 100mm 的管径开始考虑，当管径选用 100mm 时，对应的流速范围是：1.49～1.53m/s，按照平均经济流速表，当管径在 100～400mm，平均经济流速应该在 0.6～0.9m/s。因此，管段 4-8 所选择的管径为 100 时，流速超出了这个范围，不能选用。

我们放大一号管径，用 125mm 时，对应的流速范围是：0.95～0.97m/s，仍然超出平均经济流速的范围。

我们再放大一号，选用管径为 150mm，这时，对应的流速范围是：0.66～0.67m/s，满足经济流速的范围，符合要求。

管径确定为 150mm，由管径和流量确定流速。

Q		DN（mm）											
		75		100		125		150		200		250	
（m³/h）	（L/s）	v	1000i	v	1000i	v	1000i	v	1000i	v	1000i	v	1000i
41.40	11.5	2.67	226	1.49	48.3	0.95	15.1	0.66	6.07	0.37	1.46	0.236	0.492
42.30	11.75	2.73	236	1.53	50.4	0.97	15.8	0.67	6.31	0.38	1.52	0.24	0.510

（2）水头损失计算

水头损失可由海曾-威廉公式（式 5-18）确定。

海曾-威廉系数 C_h 由海曾-威廉系数值表（表 5-2）查得，这里取 $C_h = 95$。

对于管段 4-8：

$$h_y = \frac{10.67q^{1.852}}{C_h^{1.852}d_j^{4.87}}l = \frac{10.67\left(\frac{11.63}{1000}\right)^{1.852}}{95^{1.852}\left(\frac{150}{1000}\right)^{4.87}} \times 650 = 4.06$$

水头损失等于水力坡度 i 与管长 l 的乘积。由海曾-威廉公式也可得到水力坡度的计算公式：

$$i = \frac{h_y}{l} = \frac{10.67q^{1.852}}{C_h^{1.852}d_j^{4.87}}$$ （6-1）

对于管段 4-8：

$$i = \frac{h_y}{l} = \frac{10.67 q^{1.852}}{C_h^{1.852} d_j^{4.87}} = \frac{10.67 \left(\dfrac{11.63}{1000}\right)^{1.852}}{95^{1.852} \left(\dfrac{150}{1000}\right)^{4.87}} = 0.00624$$

水力坡度 i 的计算也可以查设计手册中的水力计算表，采用内插法进行计算确定。

用同样的方法可以确定 1-4、0-1、水塔-0 三个管段的管径 D、流速 v、水头损失 h 和水力坡度 i，所得结果列入表 6-3 中，并在图中标注，如图 6-5 所示。

干管水力计算表 表 6-3

干管	流量 （L/s）	管段长度 （m）	管径 （mm）	流速 （m/s）	水力坡度 （m/m）	水头损失 （m）
水塔～0	93.75	600	400	0.75	0.00251	1.51
0～1	88.38	300	400	0.70	0.00225	0.67
1～4	60.63	450	300	0.86	0.00454	2.04
4～8	11.63	650	150	0.66	0.00624	4.06
						$\sum h = 8.28$

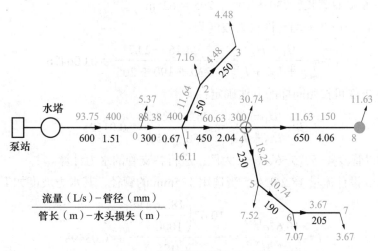

图 6-5 树状网干管水力计算

（3）水压标高

我们继续来确定干管上各节点水压标高，依据"水压标高＝地面标高＋自由水压"的关系来计算。

题目已知，自由水压为 15.7m，地面标高为 5.00m，可以求出控制点节点 8 的水压标高：

$$H_8 = 5.0 + 15.7 = 20.7\text{m}$$

对于任何一个管段而言，两个端点的水压标高之差等于消耗在该管段上的水头损失，节点 4 的水压标高就应等于节点 8 的水压标高加管段 4-8 的水头损失，即：

$$H_4 = 20.7 + 4.06 = 24.76\mathrm{m}$$

可以按照同样的方式计算得到节点 1、节点 0，以及水塔的水压标高：

$$H_1 = 24.76 + 2.04 = 26.80\mathrm{m}$$

$$H_0 = 26.80 + 0.67 = 27.47\mathrm{m}$$

$$H_{水塔} = 27.47 + 1.51 = 28.98\mathrm{m}$$

进而可求得各点的自由水压。

3. 支管的水力计算

接下来，我们进行支管的水力计算。支管各管段经济管径的确定应充分利用起点水压。干管各节点的水压标高已经确定，也就是各支管的起点水压已知，支管各管段的经济管径的确定必须满足：从干管的节点到该支管的控制点水头损失之和，小于等于干管上此节点的水压标高与支管控制点所需的水压标高之差，也就是按照平均水力坡度来确定管径。

（1）管径及水头损失计算

我们来看支管线 4-5-6-7：

节点 4 水压标高 $H_4 = 24.67\mathrm{m}$

节点 7 水压标高 $H_7 =$ 节点 7 地面标高 + 节点 7 自由水压 $= 5 + 15.7 = 20.7\mathrm{m}$

支管 4-5-6-7 总管长：$230 + 190 + 205 = 625\mathrm{m}$

则支管线 4-5-6-7 平均允许水力坡度为：

$$i = \frac{H_4 - H_7}{l_{4-5} + l_{5-6} + l_{6-7}} = \frac{24.76 - 20.7}{230 + 190 + 205} = 0.006496$$

支管线 1-2-3 可按照同样的方法确定：

$$i = \frac{H_1 - H_3}{l_{1-2} + l_{2-3}} = \frac{26.8 - 20.7}{150 + 250} = 0.01525$$

下面我们以管段 4-5、5-6、6-7 为例，进行各支管的水力计算。

支管段 4-5 设计流量 18.26L/s，当选用 125mm 的管径，其水力坡度如下：

$$i = \frac{10.67 q^{1.852}}{C_{\mathrm{h}}^{1.852} d_i^{4.87}} = \frac{10.67 \left(\dfrac{18.26}{1000}\right)^{1.852}}{95^{1.852} \left(\dfrac{125}{1000}\right)^{4.87}} = 0.03498$$

远大于支管线 4-5-6-7 的平均允许水力坡度 0.006496。

我们放大一号管径，当管径取 150mm 时：

$$i = \frac{10.67 q^{1.852}}{C_{\mathrm{h}}^{1.852} d_i^{4.87}} = \frac{10.67 \left(\dfrac{18.26}{1000}\right)^{1.852}}{95^{1.852} \left(\dfrac{150}{1000}\right)^{4.87}} = 0.01439$$

仍大于支管线 4-5-6-7 的平均允许水力坡度 0.006496。

我们再放大一号管径，当管径是 200mm 时，

$$i = \frac{10.67 q^{1.852}}{C_{\mathrm{h}}^{1.852} d_i^{4.87}} = \frac{10.67 \left(\dfrac{18.26}{1000}\right)^{1.852}}{95^{1.852} \left(\dfrac{200}{1000}\right)^{4.87}} = 0.00355$$

小于平均允许水力坡度 0.006496，管径 200mm 可以选用。

也可查设计手册中的水力计算表，通过设计流量，查表得到不同管径所对应的水力坡度 1000i 范围，看是否满足平均水力坡度，并确定合适的管径，再通过内插法计算确定该管段的水力坡度 1000i。

支管段 4-5 的水头损失：$h_{4-5} = 0.00355 \times 230 = 0.82$m。

用同样的方法确定支管段 5-6，6-7，得到各管段水头损失：$h_{5-6} = 1.02$，$h_{6-7} = 1.09$m。

支管线 4-5-6-7 水头损失之和为：$0.82 + 1.02 + 1.09 = 2.93$m

管线 4-7 允许的最大水头损失按支线起点和终点的水压标高差为：

24.76 －（15.7 + 5）= 4.06m，符合要求。

如果超出起点、终点水压标高差须调整管径重新计算，直到满足要求为止。由于标准管径的规格不多，可供选择的管径有限，所以调整的次数不多。

其他支管段按照相同的方法确定相关的水力计算参数，结果列入表 6-4 中。

支管水力计算表

表 6-4

支管	流量（L/s）	管段长度（m）	管径（mm）	水力坡度（m/m）	水头损失（m）
1~2	11.64	150	150	0.00625	0.94
2~3	4.48	250	100	0.00768	1.92
4~5	18.26	230	200	0.00355	0.82
5~6	10.74	190	150	0.00539	1.02
6~7	3.67	205	100	0.00531	1.09

（2）水压标高

我们接下来进行支管线水压标高的计算。

我们已经确定了干管各节点的水压标高，节点 4 的水压标高是 24.76m，则支管 4-5 上节点 5 的水压标高：

$$H_5 = H_4 - h_{4-5} = 24.76 - 0.82 = 23.94\text{m}$$

其他各节点的水压标高和自由水压按照同样的方法确定：

$$H_6 = 23.94 - 1.02 = 22.92\text{m}$$

$$H_7 = 22.92 - 1.09 = 21.83\text{m}$$

$$H_2 = 26.80 - 0.94 = 25.86\text{m}$$

$$H_3 = 25.86 - 1.92 = 23.94\text{m}$$

4. 水塔高度和水泵扬程

节点 8 为控制点 C，把有关数据代入水塔高度的计算公式（3-10），得到水塔水柜底高于地面的高度：

$$H_t = H_c + \sum h - (Z_t - Z_c)$$
$$= H_c + Z_c + \sum h - Z_t$$
$$= 15.70 + 5.00 + (4.06 + 2.04 + 0.67 + 1.51) - 5.00$$
$$= 23.98m$$

在该管网中，二级泵站的作用是供水到水塔，水塔建于水厂内，靠近泵站，所以二级泵站的扬程应该等于把水从吸水井最低水位送到水塔最高水位所克服的高程差，加上水泵吸水、压水、管道输水过程中总的水头损失［式（3-9）］。取水塔的水深为 3.00m，泵站吸水井最低水位标高为 4.30m，泵站内管道以及到水塔的管线总水头损失为 2.50m，则水泵扬程为：

$$H_p = (Z_t - Z_0) + H_t + h_0 + h_p + h_c = 5.00 - 4.30 + 23.98 + 3.00 + 2.50 = 30.18m$$

当设置网后水塔，还会遇到泵站、水塔同时供水的情况，设计计算方法类似。

至此，树状管网的水力计算就完成了。

6.2 环状网水力计算原理

树状网水流方向唯一，一旦管网中某处发生故障，必然导致后面的管网都停止供水，因此，树状管网的安全可靠性较差，适用范围有限，在城市给水管网布置时，通常应考虑选用环状管网。环状管网各管段的管径、水头损失，及系统所需水压，需要通过环状管网的水力计算来确定，环状网的水力计算是管网计算的重点。

6.2.1 环状管网计算的基本水力条件

第 5 章提到，基于质量守恒和能量守恒，环状管网计算时必须满足下列基本水力条件：

1. 连续性方程

连续性方程，又称节点流量平衡条件，是指对任意节点来说，流入该节点的流量，必须等于流出该节点的流量，若规定流出节点的流量为＋，流入节点的流量为－，那么任意节点的流量代数和等于零，即：

$$q_i + \sum q_{ij} = 0$$

2. 能量方程

我们按照所有节点流量平衡的条件，来进行每个管段的流量初步分配的同时，还需要满足能量方程，又称闭合环路水头损失平衡条件，是指环状管网任何一个闭合环路内，水流为顺时针方向的各管段的水头损失之和等于水流为逆时针方向的各管段的水头损失之和。如果规定顺时针方向的各管段的水头损失为"＋"，逆时针方向为"－"，那么任何一个闭合环路各管段水头损失的代数和等于零，即：

$$\sum h_{ij} = 0 \text{ 或 } \sum s_{ij} q_{ij}^n = 0$$

我们以图 6-6 的单环管网为例，节点编号 1、2、3、4，水流方向如箭头所示，沿着两条管线从节点 1 到节点 4。根据并联管路的基本原理，节点 1 与节点 4 的水压标高差等于消耗在两条管路的沿程水头损失，即：$H_1 - H_4 = h_{1\text{-}2\text{-}4} = h_{1\text{-}3\text{-}4}$。管线 1-2-4 的水头损失等于管段 1-2 的水头损失与管段 2-4 的水头损失之和 $h_{1\text{-}2\text{-}4} = h_{1\text{-}2} + h_{2\text{-}4}$。同样，$h_{1\text{-}3\text{-}4} = h_{1\text{-}3} + h_{3\text{-}4}$。因此，有 $h_{1\text{-}2} + h_{2\text{-}4} = h_{1\text{-}3} + h_{3\text{-}4}$，移项得到 $h_{1\text{-}2} + h_{2\text{-}4} - h_{1\text{-}3} - h_{3\text{-}4} = 0$，也就是对于闭合环路 1-2-4-3-1，顺时针方向和逆时针方向水头损失的代数和等于零。

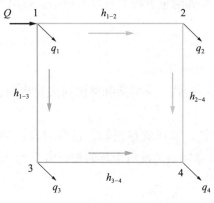

图 6-6　单环管网能量方程

6.2.2　环状管网平差

实际上，我们完成初步流量分配后，参照界限流量表或平均经济流速表确定管径，并且计算水头损失后，往往不能满足所有闭合环路水头损失都平衡的条件，也就是闭合环路内，顺时针、逆时针两个水流方向的管段的水头损失不相等，$\sum h_{ij} \neq 0$，存在一定的差值，这一差值叫环路闭合差，记做 Δh。

$\sum h_{ij} \neq 0$，说明此时管网中的流量和产生的水头损失与实际水流状况不符，不能用来计算节点水压、水泵扬程和水塔高度。因此，必须求出各管段的真实流量和水头损失。

在计算过程中，若闭合差为正，即 $\Delta h > 0$，说明水流为顺时针方向的各管段中所分配的流量大于实际流量值，而水流为逆时针方向各管段中所分配的流量小于实际流量值；若闭合差为负，即 $\Delta h < 0$，则恰好相反。

因此，需要根据具体情况重新调整各管段的流量，即在每一节点均满足连续性方程 $q_i + \sum q_{ij} = 0$ 的条件下，在流量偏大的各管段中减去一些流量，加在流量偏小的各管段中去。每次调整的流量值称为校正流量，记作 Δq，由于每个环内不同方向管段中所增减的流量相同，都是校正流量，所以调整后的流量仍满足节点连续性方程。如此反复计算，直到同时满足连续性方程组 $q_i + \sum q_{ij} = 0$ 和能量方程组 $\sum h_{ij} = 0$ 时为止，这一计算过程称为管网平差，通过平差计算才能最终确定所有管段的水力计算参数。

基环和大环闭合差达到一定精度要求后，管网平差即可结束。手工计算时，基环闭合差要求小于 0.5m，大环闭合差小于 1.0m；计算机平差时，闭合差值可达到任何精度，一般采用 0.01~0.05m。

6.3　环状网水力计算方法 ——————————————

环状管网计算具体方法可分为三类：在初步分配流量后，调整管段流量以满足能量方程，得出各管段流量的环方程组解法；应用连续性方程和压降方程解节点方程组，得出各节点的水压；应用连续性方程和能量方程解管段方程组，得出各管段的流量。

6.3.1　环方程组解法

1. 哈代-克罗斯法（Hardy-Cross）

环方程组的求解，可使用哈代-克罗斯和洛巴切夫提出的，用校正流量 Δq_i 调整各环的管段流量的迭代方法。

以图 6-7 中四环管网为例，节点流量已知，且各管段已初步分配了流量 q_{ij}，根据 q_{ij} 可求得所有管段的管径 d_{ij} 及摩阻 s_{ij}，设每个环的校正流量为 Δq_i，这些量中，只有校正流量 Δq_i 是未知量。

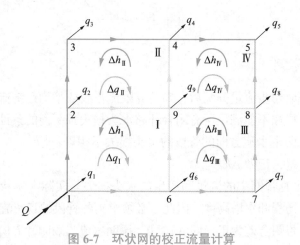

图 6-7　环状网的校正流量计算

由水头损失公式 $h = sq^n$（公式中 n 取 2，$n = 2$），每个环可写出 1 个能量方程，4 个环 4 个能量方程，4 个方程 4 个未知数 Δq_i，可联立求解出每个环的校正流量 Δq_I、Δq_II、Δq_III、Δq_IV 的大小和符号。

$$
\left.
\begin{aligned}
&s_{1-2}(q_{1-2} + \Delta q_\mathrm{I})^2 + s_{2-9}(q_{2-9} + \Delta q_\mathrm{I} - \Delta q_\mathrm{II})^2 - \\
&s_{6-9}(q_{6-9} - \Delta q_\mathrm{I} + \Delta q_\mathrm{III})^2 - s_{1-6}(q_{1-6} - \Delta q_\mathrm{I})^2 = 0 \\
&s_{2-3}(q_{2-3} + \Delta q_\mathrm{II})^2 + s_{3-4}(q_{3-4} + \Delta q_\mathrm{II})^2 - \\
&s_{4-9}(q_{4-9} - \Delta q_\mathrm{II} + \Delta q_\mathrm{IV})^2 - s_{2-9}(q_{2-9} + \Delta q_\mathrm{I} - \Delta q_\mathrm{II})^2 = 0 \\
&s_{6-9}(q_{6-9} - \Delta q_\mathrm{I} + \Delta q_\mathrm{III})^2 + s_{9-8}(q_{9-8} + \Delta q_\mathrm{III} - \Delta q_\mathrm{IV})^2 - \\
&s_{8-7}(q_{8-7} - \Delta q_\mathrm{III})^2 - s_{6-7}(q_{6-7} - \Delta q_\mathrm{III})^2 = 0 \\
&s_{4-9}(q_{4-9} - \Delta q_\mathrm{II} + \Delta q_\mathrm{IV})^2 + s_{4-5}(q_{4-5} + \Delta q_\mathrm{IV})^2 - \\
&s_{5-8}(q_{5-8} - \Delta q_\mathrm{IV})^2 - s_{9-8}(q_{9-8} - \Delta q_\mathrm{IV} + \Delta q_\mathrm{III})^2 = 0
\end{aligned}
\right\}
\qquad (6\text{-}2)
$$

将式（6-2）按二项式定理展开，并略去 Δq_i^2 项，整理后得环 I 的方程如下：

$$(s_{1-2}q_{1-2}^2 + s_{2-9}q_{2-9}^2 - s_{1-6}q_{1-6}^2 - s_{6-9}q_{6-9}^2) + 2(\sum sq)_I \Delta q_I - 2s_{2-9}q_{2-9}\Delta q_{II} - 2s_{6-9}q_{6-9}\Delta q_{III} = 0$$

$$(6-3)$$

式（6-3）括号内为：初分流量时，环 I 各管段水头损失代数和，即环 I 的闭合差 Δh_I。

因此，方程组（6-2）可写为下列线性方程组：

$$\left.\begin{array}{l} \Delta h_I + 2(\sum sq)_I \Delta q_I - 2s_{2-9}q_{2-9}\Delta q_{II} - 2s_{6-9}q_{6-9}\Delta q_{III} = 0 \\ \Delta h_{II} + 2(\sum sq)_{II} \Delta q_{II} - 2s_{2-9}q_{2-9}\Delta q_I - 2s_{4-9}q_{4-9}\Delta q_{IV} = 0 \\ \Delta h_{III} + 2(\sum sq)_{III} \Delta q_{III} - 2s_{6-9}q_{6-9}\Delta q_I - 2s_{9-8}q_{9-8}\Delta q_{IV} = 0 \\ \Delta h_{IV} + 2(\sum sq)_{IV} \Delta q_{IV} - 2s_{4-9}q_{4-9}\Delta q_{II} - 2s_{9-8}q_{9-8}\Delta q_{III} = 0 \end{array}\right\}$$

$$(6-4)$$

式中　Δh_i——闭合差；

$(\sum sq)_i$——该环内各管段的 $|sq|$ 值总和。

求解得到每环的校正流量：

$$\left.\begin{array}{l} \Delta q_I = \dfrac{1}{2\sum(sq)_I}(2s_{2-9}q_{2-9}\Delta q_{II} + 2s_{6-9}q_{6-9}\Delta q_{III} - \Delta h_I) \\ \Delta q_{II} = \dfrac{1}{2\sum(sq)_{III}}(2s_{2-9}q_{2-9}\Delta q_I + 2s_{4-9}q_{4-9}\Delta q_{IV} - \Delta h_{II}) \\ \Delta q_{III} = \dfrac{1}{2\sum(sq)_{III}}(2s_{6-9}q_{6-9}\Delta q_I + 2s_{9-8}q_{9-8}\Delta q_{IV} - \Delta h_{III}) \\ \Delta q_{IV} = \dfrac{1}{2\sum(sq)_{IV}}(2s_{4-9}q_{4-9}\Delta q_{III} + 2s_{9-8}q_{9-8}\Delta q_{III} - \Delta h_{IV}) \end{array}\right\}$$

$$(6-5)$$

由式（6-5）可以看出，任一环的校正流量 Δq_i 由两部分组成：一部分是受到邻环影响的校正流量，即括号中的前两项；另一部分是消除本环闭合差 Δh_i 的校正流量。这里，不考虑通过邻环传过来的其他各环的校正流量的影响，比如，图 6-7 中环 III，只计邻环 I 和 IV 通过公共管段 6-9，9-8 传过来的校正流量 Δq_I 和 Δq_{IV}，而不计环 II 校正时对环 III 所产生的影响。

如果进一步简化，邻环的影响也略去不计，则各基环的校正流量可表示为：

$$\left.\begin{array}{l} \Delta q_I = \dfrac{-\Delta h_I}{2\sum(sq)_I} \\ \Delta q_{II} = \dfrac{-\Delta h_{II}}{2\sum(sq)_{III}} \\ \Delta q_{III} = \dfrac{-\Delta h_{III}}{2\sum(sq)_{III}} \\ \Delta q_{IV} = \dfrac{-\Delta h_{IV}}{2\sum(sq)_{IV}} \end{array}\right\}$$

$$(6-6)$$

式（6-6）的通式为：

$$\Delta q_i = \frac{-\Delta h_i}{2\sum|s_{ij}q_{ij}|} = \frac{-\Delta h_i}{2\sum\left|\dfrac{h_{ij}}{q_{ij}}\right|}$$

$$(6-7)$$

注意，式（6-7）中的 Δq_i 和 Δh_i 符号相反，因为 Δq_i 是用来调整各环的管段流量，消除闭合差的。

当水头损失公式中的 n 不等于 2 时（$n \neq 2$），校正流量通式为：

$$\Delta q_i = \frac{-\Delta h_i}{n \sum |s_{ij} q_{ij}^{n-1}|} = \frac{-\Delta h_i}{n \sum \left| \dfrac{h_{ij}}{q_{ij}} \right|} \tag{6-8}$$

式中　Δq_i——i 环校正流量；

$\quad\quad \Delta h_i$——i 环闭合差，或 i 环内各管段的水头损失代数和；

$\quad\quad n$——管道水头损失计算流量指数；

$\quad\quad s_{ij}$——ij 管段的摩阻；

$\quad\quad q_{ij}$——ij 管段的流量；

分母总和项内是 i 环所有管段的 $s_{ij} q_{ij}$ 绝对值之和。

计算时，可在管网示意图上注明闭合差 Δh_i 和校正流量 Δq_i 的方向与数值。以图 6-8 中两环管网的流量调整为例，设两环由初分流量求出的闭合差 Δh_i 都是正值，在图中用顺时针方向的箭头表示，方向相反的校正流量 Δq_i 用逆时针方向的箭头表示。

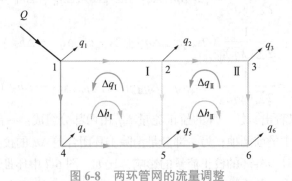

图 6-8　两环管网的流量调整

闭合差 Δh_i 和校正流量 Δq_i 分别为：

$$\Delta h_{\mathrm{I}} = (h_{1-2} + h_{2-5}) - (h_{1-4} + h_{4-5}) > 0$$

$$\Delta h_{\mathrm{II}} = (h_{2-3} + h_{3-6}) - (h_{2-5} + h_{5-6}) > 0$$

$$\Delta q_{\mathrm{I}} = \frac{-\Delta h_{\mathrm{I}}}{2(s_{1-2}q_{1-2} + s_{2-5}q_{2-5} + s_{1-4}q_{1-4} + s_{4-5}q_{4-5})}$$

$$\Delta q_{\mathrm{II}} = \frac{-\Delta h_{\mathrm{II}}}{2(s_{2-3}q_{2-3} + s_{3-6}q_{3-6} + s_{2-5}q_{2-5} + s_{5-6}q_{5-6})}$$

接下来，调整管段流量，在环 I 中，管段 1-2 和 2-5 的初分流量与 Δq 方向相反，减去 Δq，管段 1-4 和 4-5 加上 Δq；环 II 中，管段 2-3 和 3-6 的流量须减去 Δq，管段 2-5 和 5-6 加上 Δq。两个环的公共管段 2-5 同时受到环 I 和环 II 校正流量的影响，调整后的流量为 $q_{2-5} - \Delta q_{\mathrm{I}} + \Delta q_{\mathrm{II}}$。由于初步分配流量时，已经满足了连续性方程的条件，所以每次调整流量时仍能满足此条件。

调整流量后，各环闭合差应减小，如果不满足精度要求，应根据调整后的新流量求出新的校正流量，继续平差。在平差的过程中，某一环的闭合差有可能改变符号，即改变方向，也有可能闭合差的绝对值反而增大，这是因为，我们在推导校正流量的时候，进行了一定程度的简化。

这就是哈代－克罗斯法，也叫洛巴切夫法，即，在满足连续性方程的前提下，根据设计流量进行流量的初步分配，进而由经济流速确定管径，并计算水头损失，确定闭合差，由闭合差求出校正流量，对管段流量进行调整，确定流量调整后的闭合差，反复计算，直到满足精度要求。哈代－克罗斯法是最早提出且应用较为广泛的管网计算方法，现在的有些管网平差程序仍然是基于这种方法。

我们通过一个案例，来更好的理解和掌握哈代－克罗斯管网平差法。

【例 6-2】如图 6-9 所示，由水塔供给整个管网用水，按照最高日最高时供水流量 219.8L/s，计算该环状管网分配流量平差。管材按旧钢管考虑。已知节点流量及管道长度如图 6-9 中所示。

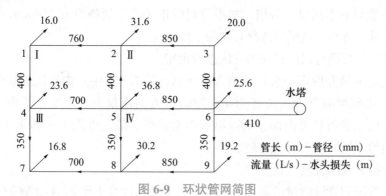

图 6-9　环状管网简图

【解】

（1）流量初步分配

首先，在满足连续性方程的条件下，进行管网流量的初步分配。根据节点流量等用水状况，拟定各管段的水流方向，按照最短路线的供水原则，并考虑可靠性的要求，进行流量预分配，流向节点的流量取负值，离开节点的流量取正值。3 条平行干管线 3-2-1、6-5-4 和 9-8-7，分配大致相近的流量。与干管垂直的连接管由于平时流量较小，因此分配较少的流量，得到每个管段的计算流量。

在进行管段流量初分时，可逆着水流方向，从管网的末端开始，依次进行确定。因此在这个案例中，我们可从节点 1 开始，流入该节点的流量是 $q_{1-4}+q_{1-2}$，流出该节点的流量是 q_1，所以节点 1 的流量平衡条件为：$q_{1-4}+q_{1-2}=q_1=16$，这个方程里有 q_{1-4}、q_{1-2} 两个未知数，根据刚提到的流量初步分配的相关原则，干管 1-2 分配较多的流量，连接管 1-4 分配较少的流量。我们给连接管段 1-4 分配流量 4.0L/s，则 1-2 管段的初分流量是 16－4＝12L/s。

再来列节点 7 的流量平衡条件：流入节点 7 的流量 $q_{4-7}+q_{7-8}$，等于流出的流量 q_7，等于 16.8，即：$q_{4-7}+q_{7-8}=q_7=16.8$。同样，我们也给连接管初步分配 4.0L/s 的流量，则，管段 7-8 的初步分配流量就是 16.8－4＝12.8 L/s。

再来看一个节点，节点 2，流入节点 2 的流量为 $q_{2-3}+q_{2-5}$，等于流出的流量 q_2+q_{1-2}，等于 31.6＋12.0＝43.6L/s。我们仍然可以给连接管 2-5 分配 4.0L/s 的流量，那么 2-3 管段 2-3 的初步分配流量就等于：43.6－4＝39.6 L/s。

其他各管段的初分流量可用同样的方法得到。

（2）确定管径

在环状管网的计算中，管径可按平均经济流速计算确定。也可根据初分流量，通过查界限流量表来确定管径。查界限流量表确定管径是管网的近似优化计算，具体方法在后面介绍。这里，大家能够先通过流量查表，确定管径即可。

如管段 1-4，初分流量是 4.0L/s，查界限流量表，管径应取 100mm。由于管段 1-4 是连接管，当管网发生故障时需要通过一个较大的流量，所以我们将查表所确定的管径放大一号，取 150mm。

再如管段 1-2，初分流量是 12.0L/s，查界限流量表，管径为 150mm。管段 2-3 初分流量是 39.6L/s，查表管径为 250mm。管段 5-6 初分流量是 76.4L/s，查表确定的管径是 350mm，考虑管材的市场供应规格，如果管材的市场供应规格没有 350mm，就应该放大或缩小一号来进行选择，这里可选择管径为 300mm。

其他各管的管径都可以用相同的方法进行确定。

初步分配的流量和确定的管径可填入环状网计算表 6-6 中，初分流量 q 有正负之分，在任何环中，水流顺时针方向流量为正，逆时针方向流量为负。如环 I 中，管段 1-2，2-5 的水流方向是逆时针方向的，所以填入的流量是负值，管段 1-4 和 4-5 的水流方向是顺时针方向的，所以填入的流量是正值。

（3）水头损失及闭合差计算

当管段的管径和设计流量已知，可以查《给水排水设计手册》（第 2 版）（第 1 册　常用资料）中的水力计算表，确定该管段的 $1000i$ 值，$1000i$ 值确定下来，水头损失 h 就等于 $1000i$ 除以 1000 乘以该管段的管长。

也可通过海曾－威廉公式计算水头损失 h。这里，取海曾－威廉系数 $C_h = 120$，管道比阻 α 值参见表 6-5，$\alpha_{[150]} = 15.4866$，$\alpha_{[250]} = 1.2869$，$\alpha_{[300]} = 0.5296$。

海曾－威廉公式中的比阻 α 值（q 以 m^3/s 计）　　　　　　表 6-5

管径（mm）	比阻 α	管径（mm）	比阻 α
150	15.4866	500	0.0440
200	3.8151	600	0.0181
250	1.2869	700	0.00855
300	0.5296	800	0.00446
350	0.2500	900	0.0025
400	0.1305	1000	0.0015

以管段 1-2 为例，$\alpha_{[150]} = 15.4866$，流量 12.0L/s＝0.012m^3/s，管长 760m。代入水头损失计算公式：

$$h = \alpha l q^{1.852} = 15.4866 \times 760 \times 0.012^{1.852} = 3.261m$$

水头损失正负号的规定和流量正、负号的规定相同，所以这里也是负值，为 -3.261m。$1000i$ 和 $|sq^{0.852}|$ 为：

$$1000i = 3.261 \div 760 \times 1000 = 4.291\text{m}$$

$$|sq^{0.852}| = \left|\frac{h}{q}\right| = \left|\frac{3.261}{12}\right| = 0.27175$$

其他各管段按照相同的方法进行确定，列入表 6-6，并在管线上标记出每段管段的水头损失。

接下来，各环的闭合差就等于本环所有管段水头损失的代数和。如，Ⅰ 环的闭合差为：$(-3.261) + 0.224 + (-0.224) + 1.50 = -1.761\text{m}$。

同样，可计算得到 Ⅱ、Ⅲ、Ⅳ 环的闭合差，分别为：0.161，1.885，-0.402。也可求出各环的 $|sq^{0.852}| = \left|\frac{h}{q}\right|$ 之和，计算校正流量的时候用。

（4）环状管网平差

当手算时，基环的闭合差不得超过 0.5m，所以 Ⅰ 环和 Ⅲ 环的闭合差都超出了允许值，需要继续进行平差计算。

先依据校正流量的计算公式（6-8），确定每个环的校正流量，这里，水头损失计算流量指数 n 取 1.852，且校正流量的符号与该环闭合差的符号相反。

所以，Ⅰ 环的校正流量为：

$$\Delta q_{\mathrm{I}} = \frac{-\Delta h_{\mathrm{I}}}{1.852\sum\left|\frac{h_{ij}}{q_{ij}}\right|} = \frac{1.761}{1.852 \times 0.431} = 2.2$$

同样，可计算出其他环的校正流量。

接下来我们进行第一次校正，对于任何一个管段校正以后的流量都等于校正之前的流量加本环的校正流量减去相邻环的校正流量。

如管段 1-2 只在 Ⅰ 环中存在，那么，在计算其校正后的流量时，只需在原流量的基础上加上本环的校正流量，即管段 1-2 校正后的流量为：$-12.0 + 2.2 = -9.8$。

而管段 2-5 是 Ⅰ、Ⅱ 两个环的共有管段，那么，管段 2-5 校正后的流量应为：$-4 + 2.2 - (-0.44) = -4 + 2.2 + 0.44 = -1.36$。

其他各管段的校正流量按照相同的方法确定。

需要注意的是，同一管段，在不同的环中计算出来的，校正后的流量，一定是数值相同，符号相反。如管段 4-5，是 Ⅰ 环和 Ⅲ 环的共有管段，在 Ⅰ 环中，校正后的流量是 36.3L/s，在 Ⅲ 环中校正后的流量是 -36.3L/s。如果出现在不同的环中同一管段校正流量的计算数值不同，那么一定是计算错误，需要重新检查计算过程。

确定了所有管段第一次校正的流量后，就可以根据管径和校正后的流量重新确定每个管段的水头损失，并重新计算每个环的闭合差。

第一次校正后，各环闭合差分别为：0.171m、-0.255m、-0.143m、0.129m，都小于手工计算时基环闭合差的限值 0.5m，满足精度要求。

我们再来计算大环 6-3-2-1-4-7-8-9-6 的闭合差：

$$h = -h_{6-3} - h_{3-2} - h_{2-1} + h_{1-4} - h_{4-7} + h_{7-8} + h_{8-9} + h_{6-9}$$
$$= -1.158 - 2.823 - 2.241 + 0.505 - 0.48 + 2.272 + 2.84 + 0.986$$
$$= -0.099\text{m}$$

小于允许值 1.0m，满足要求。

至此，基环、大环的闭合差均满足精度要求，管网平差结束。计算结果列入表 6-6，并在图中标注，如图 6-10 所示。

环状网计算表（最高供水时）　　　　　　　　　　　　　　表 6-6

环号	管段	管长 (m)	管径 (mm)	初步分配流量				第一次校正			
				q (L/s)	$1000i$	h (m)	$\lvert sq^{0.852}\rvert$	q (L/s)	$1000i$	h (m)	$\lvert sq^{0.852}\rvert$
I	1-2	760	150	-12.0	4.291	-3.261	0.27175	$-12+2.2=-9.8$	2.949	-2.241	0.2287
	1-4	400	150	4.0	0.561	0.224	0.056	$4+2.2=6.2$	1.263	0.505	0.0815
	2-5	400	150	-4.0	0.561	-0.224	0.056	$-4+2.2+0.44=-1.36$	0.076	-0.030	0.022
	4-5	700	250	31.6	2.143	1.50	0.04747	$31.6+2.2+2.48=36.3$	2.767	1.937	0.05336
						-1.761	0.431			0.171	0.3856
	$\Delta q_{\text{I}} = \dfrac{-1.761}{1.852 \times 0.431} = 2.2$										
II	2-3	850	250	-39.6	3.254	-2.766	0.06985	$-39.6-0.44=-40$	3.322	-2.823	0.0706
	2-5	400	150	4.0	0.561	0.224	0.056	$4.0-0.44-2.2=1.36$	0.076	0.030	0.0221
	3-6	400	300	-59.6	2.856	-1.142	0.01916	$-59.6-0.44=-60$	2.895	-1.158	0.0193
	5-6	850	300	76.4	4.523	3.845	0.05033	$76.4-0.44-11.7=74.8$	4.348	3.695	0.0494
						0.161	0.1953			-0.255	0.1614
	$\Delta q_{\text{II}} = \dfrac{0.161}{1.852 \times 0.1953} = -0.44$										
III	4-5	700	250	-31.6	2.143	-1.50	0.0475	$-31.6-2.48-2.2=-36.28$	2.767	-1.397	0.0385
	4-7	350	150	-4.0	0.561	-0.196	0.049	$-4.0-2.48=-6.48$	1.371	-0.48	0.07407
	5-8	350	150	4.0	0.561	0.196	0.049	$4.0-2.48-1.17=0.35$	0.006	0.002	0.0057
	7-8	700	150	12.8	4.836	3.385	0.2645	$12.8-2.48=10.32$	3.246	2.272	0.22015
						1.885	0.410			-0.143	0.3384
	$\Delta q_{\text{III}} = \dfrac{1.885}{-1.852 \times 0.410} = -2.48$										
IV	5-6	850	300	-76.4	4.523	-3.845	0.0503	$-76.4+1.17+0.44=-74.8$	4.348	-3.695	0.0494
	6-9	350	300	58.0	2.715	0.95	0.0164	$58.0+1.17=59.2$	2.818	0.986	0.0167
	5-8	350	150	-4.0	0.561	-0.196	0.0491	$-4.0+1.17+2.48=-0.35$	0.006	-0.002	0.0061
	8-9	850	250	39.0	3.146	2.689	0.0689	$39.0+1.17=40.17$	3.342	2.840	0.0707
						-0.402	0.1847			0.129	0.1429
	$\Delta q_{\text{IV}} = \dfrac{-0.402}{-1.852 \times 0.1847} = 1.17$										

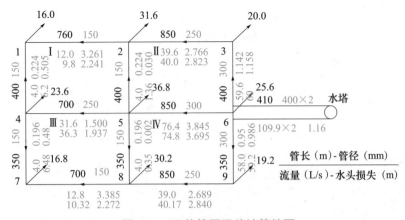

图 6-10 环状管网平差计算简图

若精度不满足要求，需反复调整计算，直到闭合差满足要求为止。

（5）输水管计算和水塔高度确定

案例中输水管的管径、水头损失以及水塔高度的计算方法，按前面介绍的方法计算。

城市管网的平差计算等分析可通过计算机软件来实现，软件的使用能大大提高工作效率。本章介绍的管网平差方法和步骤是软件使用的重要基础。

2. 最大闭合差的环校正法

哈代-克罗斯法是对每个环同时校正流量，逐环进行平差。在管网计算过程中，也可以只对闭合差最大的一个环或若干环进行计算，这样，可以使计算工作简化，这就是最大闭合差的环校正法。

最大闭合差的环校正法依据初分流量计算各环闭合差的大小和方向，进而确定需进行平差的环。通常选择闭合差最大的一个环，或者将闭合差方向相同且数值相差不太悬殊的相邻基环构成一个大环进行平差。要注意的是，决不能将闭合差方向不同的基环连成大环，如果这样，所构成的大环中，和大环闭合差相反的基环的闭合差将会增大，致使计算不能收敛。对于环数较多的管网可能会同时连成几个大环，应先计算闭合差最大的环。平差后，和大环异号的各邻环，闭合差会同时相应减小。如果第一次校正后，并不能使各环的闭合差达到要求，可重复上述步骤，直到满足要求为止。

最大闭合差的环校正法涉及几个计算原理：

（1）大环闭合差

大环闭合差等于构成该大环的各基环闭合差的代数和，即：

$$\Delta h_{大环} = \sum \Delta h_i \qquad (6-9)$$

如图 6-11 所示，环 I、环 II 和二者构成的大环 III（环 1-2-3-6-5-4-1）闭合差之间的关系为：

$$\Delta h_I = h_{1-2} + h_{2-5} - h_{1-4} - h_{4-5}$$

$$\Delta h_{II} = h_{2-3} + h_{3-6} - h_{2-5} - h_{5-6}$$

$$\Delta h_I + \Delta h_{II} = h_{1-2} + h_{2-3} + h_{3-6} - h_{5-6} - h_{4-5} - h_{1-4}$$

$$\Delta h_{III} = h_{1-2} + h_{2-3} + h_{3-6} - h_{5-6} - h_{4-5} - h_{1-4}$$

即：

$$\Delta h_{\text{III}} = \Delta h_{\text{I}} + \Delta h_{\text{II}}$$

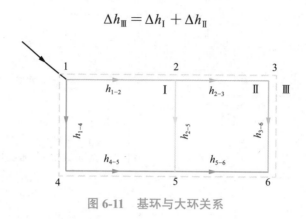

图 6-11　基环与大环关系

（2）闭合差方向相同的相邻基环

若基环Ⅰ和Ⅱ的闭合差方向相同，都是顺时针方向，即（$+\Delta h_{\text{I}}$）＞0，（$+\Delta h_{\text{II}}$）＞0，则大环Ⅲ的闭合差也为顺时针方向，即$\Delta h_{\text{III}} = (+\Delta h_{\text{I}}) + (+\Delta h_{\text{II}}) > 0$，如图 6-12（a）所示。

此时，只需要校正大环Ⅲ各管段的流量，即大环顺时针的管段减去校正流量Δq_{III}，而在逆时针管段增加校正流量Δq_{III}，使大环Ⅲ的闭合差减小，基环Ⅰ和基环Ⅱ的闭合差也会随之降低。可见，将闭合差方向相同且相邻的基环构成大环后，对大环校正，多环受益。

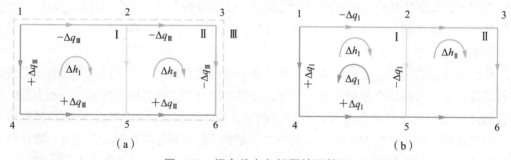

图 6-12　闭合差方向相同的两基环

如果不作大环平差，而只对环Ⅰ引入校正流量Δq_{I}，如图 6-12（b）所示，则环Ⅰ闭合差会降低，但环Ⅱ的闭合差反而增大。即：

环Ⅰ：$\Delta h_{\text{I}}' = \Delta h_{\text{I}} - \sum h_{\text{I}}(\Delta q_{\text{I}})$

环Ⅱ：$\Delta h_{\text{II}}' = \Delta h_{\text{II}} + h_{2-5}(\Delta q_{\text{I}})$

（3）闭合差方向相反的相邻基环

若相邻基环的闭合差方向相反，如图 6-13（a）所示，（$+\Delta h_{\text{I}}$）＞0，（$-\Delta h_{\text{II}}$）＜0，且$\Delta h_{\text{I}} > \Delta h_{\text{II}}$，$\Delta h_{\text{III}} = \Delta h_{\text{I}} - \Delta h_{\text{II}} > 0$，这时，如果对大环Ⅲ引入校正流量$\Delta q_{\text{III}}$，在大环Ⅲ闭合差降低的同时，与大环闭合差同号的基环Ⅰ闭合差随之降低，但与大环闭合差异号的基环Ⅱ的闭合差反而增大。因此，相邻基环闭合差异号时，不能连成大环进行平差。

但若只对环Ⅰ引入校正流量Δq_{I}，如图 6-13（b）所示，则Δh_{I}会降低，由于Δq_{I}对公共管段 2-5 校正后，使邻环Ⅱ闭合差Δh_{II}也减小。因此，相邻各基环闭合差异号时，宜选

择其中闭合差较大的环进行平差，不仅该环本身闭合差减小，与其异号且相邻的基环闭合差也随之降低，从而一环平差，多环受益。即：

$$环Ⅰ：\Delta h_1' = \Delta h_1 - \sum h_1(\Delta q_1)$$

$$环Ⅱ：\Delta h_Ⅱ' = \Delta h_Ⅱ - h_{2-5}(\Delta q_1)$$

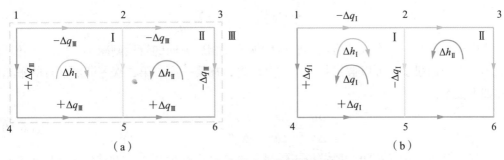

图 6-13　闭合差方向相反的两基环

对于多环管网，以图 6-14 为例，各基环闭合差 Δh_i 的方向如图 6-14（a）所示，基环Ⅲ、Ⅴ、Ⅵ的闭合差较大且方向相同，与邻环Ⅱ、Ⅳ异号，可将基环Ⅲ、Ⅴ、Ⅵ连成一个大环，如图 6-14（b）所示。

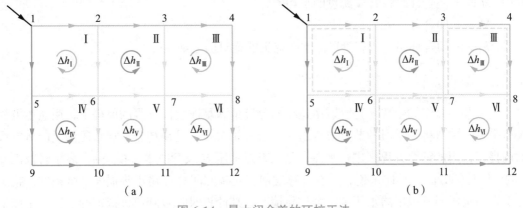

图 6-14　最大闭合差的环校正法

基环Ⅲ、Ⅴ、Ⅵ所连成大环的闭合差等于各基环闭合差之和（$\Delta h_Ⅲ + \Delta h_Ⅴ + \Delta h_Ⅵ$），为顺时针方向，正值。因此，大环的校正流量应为逆时针方向，负值，应在大环顺时针方向管段 3-4、4-8、8-12、6-7 上减去校正流量 Δq，逆时针方向管段 3-7、6-10、10-11、11-12 上增加校正流量 Δq。

调整流量后，大环闭合差将减小，大环内各基环的闭合差随之减小。同时，与大环闭合差方向相反的相邻基环Ⅱ，因受到大环流量校正的影响，流量发生变化，例如管段 3-7 增加了 Δq，管段 6-7 减少了 Δq，因而使基环Ⅱ的闭合差减小，同样，也使邻基环Ⅳ的闭合差减小。

大型管网平差时，如果同时可连成几个大环，应先计算闭合差最大的环，以对其他的环产生较大的影响，有时甚至可使其他环的闭合差改变方向。如先对闭合差小的大环进行计算，则计算结果对闭合差较大的环影响较小，为了反复消除闭合差，将会增加计算的次数。使用本法计算时，同样需反复计算多次，每次计算需重新选定大环。

最大闭合差环校正法的校正流量可按式（6-8）计算，即：

$$\Delta q_i = \frac{-\Delta h_i}{n\sum |s_{ij}q_{ij}^{n-1}|} = \frac{-\Delta h_i}{n\sum \left|\dfrac{h_{ij}}{q_{ij}}\right|}$$

式中，s_{ij} 不变，q_{ij} 在某个方向的管段增加，在相反方向的管段则减小，因此，各环的 $\sum |s_{ij}q_{ij}^{n-1}|$ 变化很小，可以假定每一个闭合环内，在第一次、第二次等顺次进行的平差中存在如下关系：

$$\frac{\Delta q}{\Delta h} = \frac{\Delta q'}{\Delta h'} = \frac{\Delta q''}{\Delta h''} = \cdots\cdots \tag{6-10}$$

这样，就可按式（6-10）拟定校正流量，进行试探性的平差，在确定了 Δh_1 和 Δq_1 之后，便可按上式比值求得下一次平差的校正流量值。

在环内各管段长度和管径相差不大的情况下，校正流量可用下列公式计算：

$$\Delta q = \frac{-q_a \Delta h}{n\sum |h|} \tag{6-11}$$

式中　q_a——闭合环路各管段流量的平均值；

　　　Δh——闭合差，m；

　　$\sum |h|$——闭合环路上所有管段的水头损失的绝对值之和，m。

6.3.2　节点方程组解法

上一节中介绍的哈代-克罗斯法是在初分流量满足连续性方程的前提下，用能量方程进行平差。本节将要学习的节点方程组解法恰好相对应，是在初分节点水压满足能量方程的前提下，用连续性方程来进行平差，是用节点水压 H 或管段水头损失 h，表示管段流量 q 的管网计算方法。具体来说，是在计算之前，先按照闭合环路水头损失平衡条件，拟定各节点的水压，所拟定的水压越符合实际情况，则计算时收敛越快，拟定的水压满足能量方程，用连续性方程的条件来进行管网平差，反复调整节点水压，计算相应的流量，直到同时满足连续性方程和能量方程为止。

由水头损失公式 $h_{ij} = s_{ij}q_{ij}^2$，管段流量 q_{ij} 和水头损失 h_{ij} 之间的关系如下：

$$q_{ij} = s_{ij}^{-\frac{1}{2}} |h_{ij}|^{-\frac{1}{2}} h_{ij} \tag{6-12}$$

或　　　　　　$$q_{ij} = s_{ij}^{-\frac{1}{2}} |H_i - H_j|^{-\frac{1}{2}} (H_i - H_j) \tag{6-13}$$

将式（6-13）代入 $J-1$ 个连续性方程中：

$$q_i + \sum \left(\frac{H_i - H_j}{s_{ij}}\right)^{\frac{1}{2}} = 0 \tag{6-14}$$

以节点 H_i 为未知量解方程，求出各节点的水压。

这时，环中各管段的水头损失已满足能量方程 $\sum h_{ij} = 0$ 的条件，求出各管段流量 q_{ij}，

并核算该节点的 $q_i + \sum s_{ij}^{-\frac{1}{2}} h_{ij}^{\frac{1}{2}}$ 值是否等于零，如不等于零，则求出节点水压校正值 ΔH_i：

$$\Delta H_i = \frac{-2\Delta q_i}{\sum \dfrac{1}{\sqrt{s_{ij}h_{ij}}}} = \frac{-2(q_i + \sum q_{ij})}{\sum \dfrac{1}{\sqrt{s_{ij}h_{ij}}}} \qquad (6\text{-}15)$$

当水头损失公式为 $h = sq^n$（$n \neq 2$）时，节点水压校正值为：

$$\Delta H_i = \frac{-\Delta q_i}{\dfrac{1}{n}\sum (s_{ij}^{-\frac{1}{n}} h_{ij}^{-\frac{1}{n}})_i} \qquad (6\text{-}16)$$

式中　Δq_i——任一节点的流量闭合差。

求出各节点的水压校正值 ΔH_i 后，修改节点水压，由修正后的 H_i 值求得各管段的水头损失，计算相应的流量，反复计算，直至同时满足连续性方程和能量方程为止。

6.3.3　管段方程组解法

环方程组法用于大型复杂管网时，收敛时间较长，采用线性理论法可以大大提高复杂管网的计算效率。

管段方程组可用线性理论法求解，即，将 L 个非线性的能量方程转化为线性。转化的方法是，使管段的水头损失近似等于：

$$h_{ij} = [s_{ij} q_{ij}^{(0)n-1}]q_{ij} = r_{ij}q_{ij} \qquad (6\text{-}17)$$

式中　s_{ij}——水管摩阻；

$q_{ij}^{(0)}$——管段的初步假设流量；

r_{ij}——系数。

管段方程组应用连续性方程和能量方程求解，包括 $J-1$ 个独立的连续性方程和 L 个能量方程，连续性方程为线性，能量方程也转化为了线性，共 $J-1+L=P$ 个线性方程，可用线性代数法求解，得到 P 个管段流量。

由于初设流量 $q_{ij}^{(0)}$ 一般并不等于待求的管段流量 q_{ij}，所得结果往往并不精确，须调整初设流量，并检查是否符合能量方程，如此反复计算，直到前后两次计算所得的管段流量之差小于允许误差为止，得到最终的 q_{ij}。

利用线性理论法计算管段方程组的方法经过多次迭代后一般均可收敛，因此，在设置管段初始流量 $q_{ij}^{(0)}$ 时，可不必考虑连续性方程。在第一次迭代时可设 $s_{ij}=r_{ij}$，即，将全部初始流量 $q_{ij}^{(0)}$ 设为 1。经过二次迭代后，流量可采用前两次的平均值。

6.4　多水源管网水力计算

前面讨论的内容主要是单水源管网的计算方法。但是许多大中城市，由于用水量的增长，往往逐步发展成为多水源的给水系统，泵站、水塔、高地水池等也看作是水源。我们前面提过，建有网后水塔的管网，在高峰供水时，泵站和水塔同时向管网供水，成为多水源供水的管网，这时，泵站和水塔都有各自的供水区，在供水区的分界线上水压最低。

多水源管网的计算原理和单水源相同，但多水源管网中，各个水源的供水量，随着供水区用水量、水源的水压以及管网中的水头损失而变化，多水源管网需要考虑的主要是各水源之间的流量分配问题。

多水源管网的计算可采用联立方程求解，也可将多水源管网转化为只从虚节点0供水的单水源管网，建立"虚环"，把虚环和实环看作是一个整体，再按照前面介绍的环状网计算方法求解。闭合差和校正流量的计算方法与单水源管网相同。虚节点0的位置可以任意选定，其水压可以假设为零，虚管段中无流量，不考虑摩阻，只表示按照某一基准面算起的水源水压。

以对置水塔构成的两水源供水情况为例，如图6-15所示，从虚节点0流向泵站的流量Q_p即是泵站的供水量，从虚节点0流向水塔的流量Q_t即是水塔的供水量，管网中的虚线表示管网供水分界线。虚节点0满足流量平衡条件，流入管网的总流量等于二级泵站的供水量和水塔的供水量之和，即$\sum Q = Q_p + Q_t$。

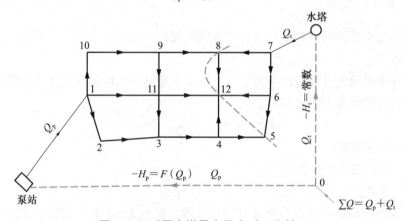

图6-15 对置水塔最高供水时工作情况

最高用水时，虚环的水头损失平衡条件为：

$$H_p - \sum h_p = H_t - \sum h_t \tag{6-18}$$

式中 H_p——最高供水时泵站的水压标高，m；

$\sum h_p$——从泵站到供水分界线上控制点的任一条管线的水头损失，m；

$\sum h_t$——从水塔到供水分界线上控制点的任一条管线的水头损失，m；

H_t——水塔的水位标高，m。

多水源管网计算结果应满足下列条件：

（1）进出每一节点的流量，包括虚流量，总和等于零，即满足连续性方程：

$$q_i + \sum q_{ij} = 0$$

（2）每个环内，包括虚环，各管段的水头损失代数和为零，即满足能量方程：

$$\sum h_{ij} = 0, \quad 或 \sum (s_{ij} q_{ij}^n)_L = 0;$$

（3）各水源供水至分界线上同一地点的水压应相同，即从各水源到分界线上控制点的沿线水头损失之差等于各水源的水压差：

$$H_p - \sum h_p = H_t - \sum h_t$$

6.5　管网的核算条件

在我们前面的学习中，管网的管径和水泵的扬程是按照设计年限内最高日最高时的用水量和水压来计算的，而实际上，管网中还存在其他的一些工况，比如消防时、最大转输时、事故时，他们的用水情况和最高时是不同的，这时，我们就需要核算在最高时工况下所确定的管径和扬程是否能够满足其他工况时的要求，以确保安全可靠的供水。通过核算，有时要将管网中个别管段的直径适当放大，也有可能需要选择更合适的水泵。

6.5.1　消防时的流量和水压要求

我们先来看消防时，消防时的管网核算是以最高时用水量确定的管径为基础，按最高时用水量加消防流量以及消防压力进行核算。

核算时，将消防流量加在设定失火点处的节点上，该节点总流量等于最高用水时节点流量加一次灭火用水量，其他节点仍然按照最高用水时的节点流量不变。

管网供水区内设定的灭火点数目和一次灭火用水流量按现行的《消防给水及消火栓系统技术规范》GB 50974 等规范确定。若只有一处失火，可以考虑发生在控制点处；如果同时有两处失火，应该从经济和安全等方面进行考虑，一处可以放在控制点，另外一处可设置在距二级泵站较远或者是靠近大用户的节点。

确定了消防时管网新的节点流量后，需要重新对管网的各个管段进行流量分配，在保持最高时所确定的管径不变的情况下，重新进行管网的平差计算，从而计算出控制点所需的最小消防用水水压。消防时控制点的最小服务水头要求不低于 $10mH_2O$（98kPa），虽然消防时比最高时所需的服务水头要小得多，但因消防时通过管网的流量增大，各管段的水头损失相应增加，按最高时确定的水泵扬程不一定满足消防时的需要。

将计算的消防用水水压与最高时的水泵扬程进行比较，如果消防时用水水压略大于最高时的水泵扬程，可适当放大个别管段的管径，以减小水头损失；如果消防时用水水压远大于最高时的水泵扬程，需要专设消防泵，以供消防时使用。

6.5.2　最不利管段发生故障时的事故用水量和水压要求

我们再来看事故时管网的校核。管网的主要管线损坏时必须检修，在检修时段内，供水量允许减少，设计水压不可降低。

事故时管网供水流量与最高时设计流量之比，称为事故流量降落比，用 R 表示，R 值根据供水要求确定，城镇的事故流量降落比一般不低于 70%，工业企业的事故流量按有关规定确定。核算时，管网的总供水量可以按照最高时管网总供水量的 70% 来计。管网各节点的流量应按事故时用户对供水的要求确定，若无特殊要求，可按事故流量降落比统一折算，即事故时管网的节点流量等于最高时各节点的节点流量乘以事故流量降落比 R，若 R 按 70% 计，则管网各节点新的节点流量均为最高时各节点流量的 70%。

然后，按照新的节点流量重新分配每个管段的计算流量，并进行管网的平差计算，得到事故时由二级泵站供水到控制点所需的供水水压，通常，事故时的控制点与最高时的控制点相同，最小服务水头也相同。

核算后，若事故时用水水压小于最高时二级泵站的扬程，则满足要求；如果事故时的用水水压大于最高时二级泵站的扬程，应在技术上采取适当措施。如果当地的给水管理部门检修力量较强，损坏的管段能够及时的得以修复，并且断水产生的损失较小，事故时管网核算的要求也可以适当降低。

6.5.3 最大转输时的流量和水压要求

还有最大转输时的校核。当管网设置对置水塔时，二级泵站分级工作，在最高用水时，由二级泵站和水塔同时向管网供水；当二级泵站的供水量大于用户的用水量时，多余的水流入水塔，进行储存，并且在用水量、供水量差值最大的时候，出现最大转输的情况，因此，这时还应按最大转输流量来核算，以确定水泵能否将水送入水塔。

最大转输的时间可从用水量变化曲线和泵站供水曲线上查到，为二级泵站供水量大于用户用水量差值最大的时段。

核算时，管网各节点的流量需按最大转输时管网各节点的实际用水量计算。因节点流量随用水量的变化成比例地增减，所以最大转输时各节点新的节点流量都等于最高时各节点的流量乘以最大转输时的节点流量折减系数，可按下式计算：

$$q_t = k_t q_i \tag{6-19}$$

式中　q_t、q_i——最大转输时和最高用水时的节点流量，L/s；

　　　k_t——最大转输时节点流量折减系数，其值可按下式计算：

$$k_t = \frac{Q_t - \sum Q_{ti}}{Q_h - \sum Q_i} \tag{6-20}$$

式中　Q_t、Q_h——分别为最大转输时和最高用水时管网的总用水量，L/s；

　　　Q_{ti}、Q_i——分别为最大转输时已确定的节点流量（常为集中流量）和与之相对应的最高用水时的节点流量，L/s。

所有节点新的节点流量都确定以后，需重新分配各个管段的流量，并重新进行管网平差，确定最大转输时二级泵站供水到水塔水柜最高水位所需的水压，与最高时确定的二级泵站扬程进行比较，看是否满足要求。不满足要求时，应适当放大从泵站到水塔最短供水路线上管段的管径。

6.6 计算结果整理 ━━━━━━━━━━━━━━━━━━━━━━━━

管网平差计算结束后，将最终平差结果按一定的形式标注在管网平面图上相应的管段上，如图 6-16 所示，并继续完成后续计算。

1. 管网各节点水压标高和自由水压计算

（1）起点水压未知的管网

对于起点水压未知的管网，首先选择管网的控制点，按照前面介绍的计算方法，由控制点开始逆向推求各节点的水压标高和自由水压。由于存在闭合差，$\Delta h \neq 0$，利用不同的管线水头损失所求得的同一节点的水压值通常不完全相同，但差异比较小，不影响选泵，可以不必调整。

（2）起点水压已定的管网

对于起点水压已定的管网，从起点开始，按照该点现有的水压值推算到各节点，并核算各节点的自由水压是否满足要求。

经过上述计算得出的各节点的水压标高、自由水压、地形标高，按照一定的格式写在相应管网平面图的节点旁。

（3）案例分析

图 6-16 为某最高用水时管网平差及水压计算成果图，图例中，管线的上方要求标记管长和管径，下方标记流量、$1000i$ 和水头损失，将管网平差计算的结果，按照图例，标注在管线上。

根据各管段的水头损失、各节点的地形标高，逐点反推计算各节点的水压标高和自由水压。图中，从每个节点引出的矩形框图从上到下分别为：水压标高、地形标高、和自由水压，各量之间的关系为：水压标高＝地面标高＋自由水压，已在前面介绍过。

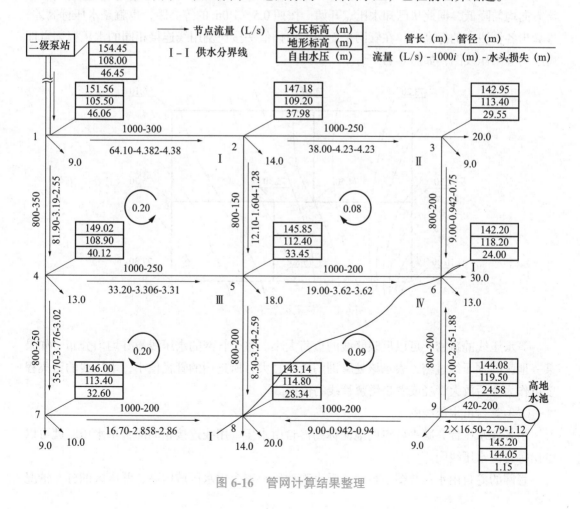

图 6-16　管网计算结果整理

图中管网属于起点水压未知的情况。控制点 6 所需的最小服务水头，即自由水压已知，为 24.00m，地形标高 118.20m，可求出该点的水压标高为：118.20＋24.00＝142.20m。

逐点反推，到管段 3-6：节点 3 的水压标高等于 6 点的水压标高 142.20m，加上消耗在管段 3-6 上的水头损失 0.75m：142.20＋0.75＝142.95m，节点 3 的地形标高为 113.40m，所以自由水压为：142.95－113.40＝29.55m。

继续反推到管段 2-3，节点 2 的水压标高，等于 3 点的水压标高 142.95m，加管段 2-3 的水头损失 4.23m：142.95＋4.23＝147.18m，147.18m 减去节点 2 的地形标高 109.20m，得到节点 2 的自由水压：147.18－109.20＝37.98m。

其余各节点，可按照相同的方法推求出水压标高和自由水压，并在图 6-16 中逐一标注。

2. 绘制管网水压线图

接下来，就可根据管网各节点的水压标高和自由水压，绘制管网的等水压线图和等自由水压线图。其绘制方法与地形等高线图的绘制类似。

（1）等水压线图

管网等水压线图的绘制方法如下：两节点间管径无变化时，水压标高将沿着管线的水流方向均匀降低，据此从已知水压点开始，按照 0.5～1.0m 的等高距，也就是水压标高差，推算出各管段上的标高点。在管网平面图上用插值法按比例用线连接相同的水压标高点即可绘出等水压线图，如图 6-17 所示。

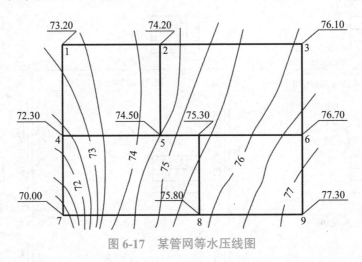

图 6-17 某管网等水压线图

等水压线的疏密，可以反映管线的负荷大小。整个管网的水压线最好均匀分布。如果某一地区的水压线过密，表示该处管网的负荷过大，所选用的管径偏小，水压线的密集程度可作为今后放大管径或者是增敷管线的依据。

（2）等自由水压线图

由各点水压标高减去各点的地面标高得自由水压，用线连接相同的自由水压，就可以绘出等自由水压线图。

管网的等自由水压线图，可以非常直观地反映整个供水区域内高、低压区的分布情况和服务水压偏低的程度。

管网的水压线图，对供水企业的管理和管网的改造有很好的参考价值。

最后，按最高时平差结果和设计水压计算水塔高度。由管网控制点开始，按不同工况相应的计算条件，经管网和输水管推求到二级泵站，求出水泵扬程和供水总流量，用于选择水泵。管网有几种工况，就有几组流量和扬程对应的数据。

6.7　输水管（渠）的计算

我们继续来探讨输水管（渠）的计算。

1. 输水管（渠）的特征与形式

输水管（渠）一般距离长，与河流、高地、交通路线的交叉比较多。输水管（渠）具有多种形式：压力输水管，这种形式用的最多，高地水源或水泵供水时常采用这种形式；无压输水管（渠），包括非满流水管或暗渠，无压输水管渠单位长度的造价比压力管（渠）低，但是在定线时，为了利用与水力坡度相接近的地形，往往需要延长管线，因此建造费用会相应增加；在地形复杂的地区，常采用加压与重力相结合的方式；明渠是人工开挖的河槽，一般用于距离较远、输送水量较大的工程，南水北调工程中就有 1400 多千米的明渠。

2. 输水管渠的设计计算要求

给水系统中各段输水管渠设计流量的确定在前面介绍过。输水管渠计算的任务是：按照设计流量和经济流速，确定管径和水头损失，以及达到一定事故流量所需的输水管条数和需设置的连通管条数。

在确定大型输水管管径时，应考虑具体的埋管条件、管材以及形式、附属构筑物的数量和特点、输水管条数等，需要通过方案比较进行确定。

依据供水的要求，多数用户，特别是工业企业不允许断水，甚至不允许减少水量，因此，对输水管的最基本要求是保证不间断输水。平行敷设的输水干管不宜少于两条，如果只敷设一条输水管，则应在管线终端建造贮水池或其他安全供水措施。水池容积应保证输水管检修时间内的管网用水。一般说来，管线长、水压高、地形复杂、检修能力差、交通不便时，应采用较大的水池容积。只有在管网用水可以暂时中断的情况下，才可只敷设一条输水管。远距离输水时，应慎重对待输水管的条数问题。一般，根据给水系统的重要性、断水可能性、管线长度、用水量发展情况、管网内有无调节水池及其容积大小等因素，确定输水管的条数。

在输水管的设置中，除了供水安全可靠性，还要兼顾经济性。在增加平行管渠数量、满足了供水安全可靠的同时，建造费用也随之增大，所以，在实际工程中常常采用简单而造价又增加不多的方法来提高供水的可靠性。常在两条平行的输水管线之间用连通管相连接。

输水干管和连通管的管径及连通管根数，应按输水干管任何一段发生故障时仍能通过事故水量计算确定，城镇的事故水量为设计水量的 70%。

这里，我们主要讨论输水管事故时，保证必要的输水量条件下的水力计算问题。

6.7.1 重力供水时的压力输水管

水源位于高处，与水厂内处理构筑物水位的高差足够时，可利用水源水位向水厂重力输水。设水源水位标高为 Z，输水管输水到水处理构筑物，其水位标高为 Z_0，水位差 $H = Z - Z_0$，称为位置水头，用于克服输水管的水头损失。

如果采用不同管径的输水管串联，则各段输水管水头损失之和等于位置水头。

1. 并联管路输水系统事故时供水分析

如果输水管输水量为 Q，平行的输水管线为 N 条，则每条管线的流量为 $\dfrac{Q}{N}$，设平行管线的管材、直径和长度都相同，则该并联管路输水系统的水头损失 h 如下：

$$h = s\left(\frac{Q}{N}\right)^n \tag{6-21}$$

式中 s——每条管线的摩阻；

   n——管道水头损失计算流量指数。当采用混凝土管及采用水泥砂浆内衬的金属管道时，$n = 2$；当采用金属管道时，$n = 1.852$。

当一条管线损坏时，该系统使用其余 $N-1$ 条管线供水，水头损失 h_a 如下：

$$h_a = s\left(\frac{Q_a}{N-1}\right)^n \tag{6-22}$$

式中 Q_a——管线损坏时需保证的流量或允许的事故流量，通常为 70%Q。

因为重力输水系统的位置水头一定，正常时和事故时的水头损失都应等于位置水头，即：

$$h = h_a = Z - Z_0$$

由 $h = s\left(\dfrac{Q}{N}\right)^n$、$h_a = s\left(\dfrac{Q_a}{N-1}\right)^n$ 得事故时流量：

$$Q_a = \left(\frac{N-1}{N}\right)Q = \alpha Q \tag{6-23}$$

式中 α——流量比例系数。

当平行管线数 $N = 2$ 时，则 $\alpha = 0.5$，即事故流量只有正常供水量的一半。如果只有一条输水管，则 $Q_a = 0$，无法保证不间断供水。

2. 有连接管的输水系统事故时供水分析

为了兼顾供水安全可靠性和经济性，常采用在平行管线之间增设连通管的方式，当管线损坏时，无需整条管线全部停止运行，而只需用阀门关闭损坏的一段进行检修，以此措施来提高事故时的流量。

我们通过例题来计算有连接管的输水系统正常时和事故时供水状况。

【例 6-3】设 2 条平行敷设的重力流输水管线，其管材、直径和长度相等，用 2 个连通管将输水管线等分成 3 段，每一段单根管线的摩阻均为 s，重力输水管位置水头为定值。图 6-18（a）表示设有连通管的 2 条平行管线正常工作时的情况，图 6-18（b）表示一段损坏时的水流情况，求输水管事故时的流量和正常工作时的流量比。

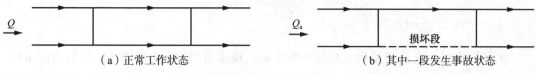

（a）正常工作状态　　　　　　　　　（b）其中一段发生事故状态

图 6-18　重力输水系统

【解】

正常工作时，每根输水管输水流量为 $\dfrac{Q}{2}$，每根输水管被 3 等分，则正常工作时水头损失为：

$$h = 3s\left(\frac{Q}{2}\right)^n$$

其中一根输水管的一段损坏时，另一根输水管在该段输水流量为 Q_a，其余 2 段每一根输水管输水 $\dfrac{Q_a}{2}$，则事故时水头损失为：

$$h_a = 2s\left(\frac{Q_a}{2}\right)^n + s\left(Q_a\right)^n$$

连通管长度忽略不计，重力流供水时，正常供水和事故供水的水头损失都应等于位置水头，则由上式得到事故时与正常工作时的流量比例为 α：

$$\alpha = \frac{Q_a}{Q} = \left[\frac{3 \times \left(\dfrac{1}{2}\right)^n}{2 \times \left(\dfrac{1}{2}\right)^n + 1}\right]^{\frac{1}{n}}$$

取流量指数 $n = 1.852$ 时，事故时与正常工作时的流量比例为：

$$\alpha = \frac{Q_a}{Q} = \left[\frac{3 \times \left(\dfrac{1}{2}\right)^{1.852}}{2 \times \left(\dfrac{1}{2}\right)^{1.852} + 1}\right]^{\frac{1}{1.852}} = 0.713$$

取流量指数 $n = 2$ 时，事故时与正常工作时的流量比例为：

$$\alpha = \frac{Q_a}{Q} = \left[\frac{3 \times \left(\dfrac{1}{2}\right)^{2}}{2 \times \left(\dfrac{1}{2}\right)^{2} + 1}\right]^{\frac{1}{2}} = \left(\frac{1}{2}\right)^{\frac{1}{2}} = 0.713$$

城市的事故用水量规定为设计水量的 70%，即 $\alpha = 0.70$。所以，为保证输水管损坏时的事故流量，在管材、直径和长度都相等的条件下，应敷设 2 条平行管线，并用 2 条连通管将平行管线至少等分成 3 段。

若平行管线数为 n，连接管段数为 m，则每根管被分成（$m+1$）段，这时，在正常工作时和事故时的分析类似，可自行推导计算。

6.7.2 水泵供水时的压力输水管

水泵供水时,流量 Q 受到水泵扬程的影响,输水量变化也会影响输水管起点的水压。因此,水泵供水时的实际流量,应该由水泵特性曲线方程 $H_p = f(Q)$ 和输水管特性曲线方程 $H_0 + \sum(h) = f(Q)$ 联立求解,二者联合工作的情况如图 6-19 所示。

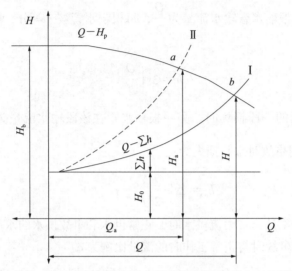

图 6-19 水泵特性曲线和输水管特性曲线的联合工作情况

图 6-19 中, I 表示输水管正常工作时的特性曲线, II 表示输水管事故时的特性曲线,当输水管任一段损坏时,管段阻力增大,使曲线的交点从正常工作时的 b 点移到 a 点,与 b 点对应的横坐标表示正常工作时流量 Q,与 a 点相对应的横坐标表示事故时流量 Q_a。

当设有网前水塔时,输水管正常工作时的特性方程为:

$$H = H_0 + (s_p + s_d)Q^2 \tag{6-24}$$

设两条不同直径的输水管用连通管分成 N 段,则任一段损坏时,输水管的特性方程为:

$$H_a = H_0 + \left(s_p + s_d - \frac{s_d}{N} + \frac{s_1}{N}\right)Q_a^2 \tag{6-25}$$

式中 H_0——水泵静扬程,等于水塔水面和泵站吸水井水面的高差;

s_p——泵站内部管线的摩阻;

s_d——两条输水管的当量摩阻。

其中,两条输水管的当量摩阻 s_d 与每条输水管的摩阻之间关系如下:

$$\frac{1}{\sqrt{s_d}} = \frac{1}{\sqrt{s_1}} = \frac{1}{\sqrt{s_2}}$$

$$s_d = \frac{s_1 s_2}{(\sqrt{s_1} + \sqrt{s_2})^2} \tag{6-26}$$

式中 s_1、s_2——每条输水管的摩阻;

N——输水管分段数，输水管之间只有一条连通管时，分段数为 2，依此类推；

Q——正常时流量；

Q_a——事故时流量。

连通管的长度与输水管相比很短，其阻力可忽略不计。

正常工作时，水泵特性方程为：

$$H_p = H_b - sQ^2 \tag{6-27}$$

输水管任一段损坏时，水泵特性方程为：

$$H_a = H_b - sQ_a^2 \tag{6-28}$$

式中　s——水泵的摩阻。

联立求解正常工作时输水管特性方程式（6-24）和水泵特性方程式（6-27），$H = H_p$，求解得正常工作时水泵输水流量如下：

$$Q = \sqrt{\frac{H_b - H_0}{s + s_p + s_d}} \tag{6-29}$$

从该式看出，因 H_0、s、s_p 一定，故 H_b 减少或输水管当量摩阻 s_d 增大，均可使水泵流量减少。

联立事故时输水管特性方程式（6-25）和水泵特性方程式（6-28），求解得事故时水泵输水流量：

$$Q_a = \sqrt{\frac{H_b - H_0}{s + s_p + s_d + \dfrac{1}{N}(s_1 - s_d)}} \tag{6-30}$$

进而由式（6-29）、式（6-30）得事故时和正常时的流量比：

$$\frac{Q_a}{Q} = \alpha = \sqrt{\frac{s + s_p + s_d}{s + s_p + s_d + \dfrac{1}{N}(s_1 - s_d)}} \tag{6-31}$$

按事故用水量为设计水量的 70%，即 $\alpha = 0.70$ 的要求，所需分段数为：

$$N = \frac{(s_1 - s_d)\,\alpha^2}{(s + s_p + s_d)(1 - \alpha^2)} = \frac{0.96(s_1 - s_d)}{s + s_p + s_d} \tag{6-32}$$

6.8　给水管道工程图

给水管网的设计成果，要通过设计图纸来体现，施工单位也是根据设计图纸进行工程施工。给水管网设计通常分为：初步设计和施工图设计两个阶段。施工图设计应全面贯彻初步设计的意图，在批准的初步设计基础上，对工程项目的各单项工程进行设计，并绘制图纸，做出详细的工料分析、编制施工图预算、进行施工安装等。

给水管网施工图包括：给水管网总平面图、管道带状平面图、管道纵断面图和大样图等。

1. 总平面图

给水管网总平面图反映管网整体布置及其相互连接关系。一般按照 1：10000～1：2000 的比例绘制，图中应该标明新建、扩建管道的位置、范围以及与原有管道的关系，还应该表示出相关街道、河流、风玫瑰图、与其他管道的相互关系以及必要的说明等。对于较小的工程而言，给水管网总平面图和带状图可以合并。

2. 带状平面图

管道带状平面图，通常采用 1：1000～1：500 的比例，带状图的宽度根据标明管道相对位置的需要而定，一般为 30～100m。由于带状平面图是截取地形图的一部分，因此图上的地物、地貌的标注方法应与相同比例的地形图一致，并按管道图的有关要求在图上标明以下内容：

（1）现状道路或规划道路中心线及折点的坐标；

（2）管道代号、管道与道路中心线或永久性地物间的相对位置、间距、节点号、管距、管道转弯处坐标及管道中心线的方位角、穿越障碍物的坐标等；

（3）与本管道相交或相近平行的其他管道的状况及相对关系；

（4）主要材料明细表及图样说明。

3. 纵断面图

管道纵断面图是反映管道埋设情况的主要技术资料之一。一般给水管道设计均绘制纵断面图，只有在地势平坦、交叉少且管道较短时，才可以不画纵断面图，但须在管线平面图上标注各节点及管线交叉处的管道标高等。

绘制管道纵断面图时，常以水平距离为横轴，以高程为纵轴。一般横轴比例常与带状平面图一致，纵轴比例常为横轴的 5～20 倍，常采用 1：100～1：50 的比例。图中设计地面标高用细实线，原地面标高用细虚线绘出，并在纵断面图的图标栏内，逐项填入有关数据，包括：节点位置和编号、地面标高、设计管中心标高、管道坡向、坡度和水平距离、管道直径及管材、地段名称等信息。

纵断面图中的管线可按管径大小画成双线或单线，一般以粗实线绘出。与本管道交叉的地下管线、沟槽等应按比例绘出截面位置，并注明管线代号、管径、交叉管管底或管顶标高、交叉处本管道的标高及距节点或井的距离。

4. 大样图

在施工图中，还应绘制大样图。大样图可分为：管件组合的节点大样图；各种井类、支墩等附属设施的施工大样图；穿越河谷、铁路、公路等特殊管段的布置大样图。

在管线节点上设有三通、四通弯头、渐缩管、闸门、消火栓、短管等管道配件和附件。在进行管网节点大样图设计时，应使各节点的配件、附件布置紧凑合理，以减小阀门井尺寸；应画出井的外形并注明井的平面尺寸和井号及索引详图号。井的大小和形状应尽量统一，形式不宜过多。在节点大样图上应用标准符号绘出节点上的配件、附件。特殊的配件也应在图中注明，以便编制预算和加工订货。

节点大样图不按比例绘制，其大小根据节点上配件和附件的多少和节点构造的复杂程度而定。但管线的方向和相对位置应与管网总平面图一致。节点大样图一般附注中带状平面图上或将带状平面图上相应节点放大标注配件和附件的组合情况，不另设节点大样图。图的大小根据节点构造的复杂程度而定。

课后题

一、单选题

1. 当长距离输水时，输水管渠的设计流量需考虑（　　　）。

A. 管渠漏失量 　　　　　　　　　B. 配水漏失量

C. 送水变化量 　　　　　　　　　D. 水流变化量

2. 设计配水管网时，水量应按（　　　）计算，并应按（　　　）进行核算。

A. 平均日平均时；消防流量加最不利管段事故时的水量

B. 最高日平均时；消防、最不利管段事故和最大转输的合计水量

C. 最高日；消防、最大转输、最不利管段事故三种情况分别

D. 最高日最高时；消防、最大转输、最不利管段事故三种情况分别

3. 输水干管和连通管管径及连通管根数，应按输水干管任何一段发生故障时仍能通过（　　　）用水量的 70% 确定。

A. 设计 　　　　　　　　　　　　B. 最高日

C. 最高时 　　　　　　　　　　　D. 平均时

4. 输水管渠一般不宜少于（　　　）条，当有安全贮水池或其他安全供水措施时，也可修建一条输水干管；输水干管和连通管管径及连通管根数，应按输水干管任何一段发生故障时仍能通过事故用水量计算确定。

A. 2 　　　　　　　　　　　　　　B. 3

C. 4 　　　　　　　　　　　　　　D. 5

5. 若两条平行敷设的输水管管径不同，则输水系统的总摩阻可以用（　　　）表示。

A. 最小摩阻 　　　　　　　　　　B. 最大摩阻

C. 当量摩阻 　　　　　　　　　　D. 平均摩阻

6. 起点 A 和终点 B 的地形标高为 62.0m 和 61.5m，若在某流量下管段 AB 的水头损失为 1.5m，且 B 点的服务水头为 20m，则此时 A 点的服务水头为（　　　）。

A. 20m 　　　　　　　　　　　　B. 21m

C. 22m 　　　　　　　　　　　　D. 23m

7. 某树枝状管网各段的水头损失如图 6-20 所示，各节点的地面高程均为 60m，所要求的最小服务水头均为 20m，则管网的水压控制点为节点（　　　）。

A. 1 　　　　　　　　　　　　　　B. 2

C. 3 　　　　　　　　　　　　　　D. 4

8. 某数字状管网各管段的水头损失如图 6-21 所示，各节点所要求的最小服务水头均为 20m，地面高程如表 6-7 所示，则管网的水压控制点为节点（　　　）。

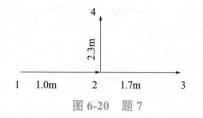

图 6-20 题 7

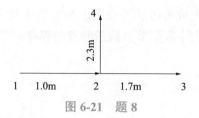

图 6-21 题 8

题 8 表

表 6-7

节点编号	1	2	3	4
地面标高（m）	62	63	61	60

A. 1

B. 2

C. 3

D. 4

9. 某给水系统有两条并行的管径及摩阻系数均相同的重力输水管线，其间设有若干连通管将输水管线均分成数段。如果要求在其中一条输水管线中的一段损坏时，能满足 75% 的供水量，则输水管最少要分为（　　）。

A. 5 段

B. 4 段

C. 3 段

D. 2 段

10. 环状管网中的相邻基环，当其闭合差方向相同时，宜（　　），可加速平差过程。

A. 将其合并成大环平差

B. 逐个环进行平差

C. 选闭合差最大的平差

D. 连成虚环进行平差

11. 哈代·克罗斯法的环状管网水力计算步骤是（　　）。

① 闭合差大于允许值，计算校正流量；② 计算管段水头损失；③ 校正各管段流量；④ 计算各基环闭合差；⑤ 确定管段管径；⑥ 初步分配流量；⑦ 计算闭合差，直至闭合差小于允许值。

A. ⑥③⑤②①④⑦

B. ⑥⑤②①③④⑦

C. ⑥⑤②④①③⑦

D. ⑥④①③⑤②⑦

二、多选题

1. 给水系统中，（　　）按最高日最高时流量进行设计。

A. 水处理构筑物

B. 二级泵站

C. 无水塔管网中的二级泵站

D. 管网

2. 下述关于水塔高度的说法，正确的有（　　）。

A. 水塔高度指的是水柜底高于地面的高度

B. 水塔高度的设计值与水塔建在管网中的位置无关

C. 水塔所在地面越高，水塔高度可以越小

D. 水塔所在地面越高，水塔水柜底的标高可以越小

三、思考题

1. 简述树状管网支线的计算过程。

2. 树状管网计算时，干线和支线如何划分？两者确定管径的方法有何不同？

3. 按最高用水时计算的管网，还应按哪些条件进行核算，为什么？

4. 什么是管网平差？并给出用环方程组进行管网平差的主要步骤。

5. 什么情况下可以将环状管网中的相邻基环合并成大环平差。

四、计算题

1. 某两环管网如图 6-22 所示，经计算闭合差不满足精度要求，校正流量为 $\Delta q_{\mathrm{I}} = 3.0\mathrm{L/s}$、$\Delta q_{\mathrm{II}} = -2.0\mathrm{L/s}$，则经过校正流量的调整，求管段 2-5 的流量应从 20.0L/s 调整为多少？

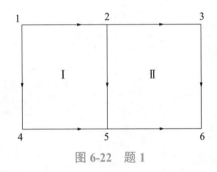

图 6-22　题 1

2. 某给水系统有 2 条并行铺设的管径与摩阻均相同的重力输水管，其间设有 3 根连通管把输水管等分成 4 段，当其中一条输水管的一段损坏时，试求输水管事故时的流量和正常工作时的流量比。

3. 环状管网平差计算过程中某环的计算如表 6-8 所示，试求该环的闭合差和其校正流量。

某环的计算　　　　　　　　　　　　　　　　　　　　表 6-8

管段	流量（L/s）	水头损失（m）
1-2	31.0	3.13
1-3	4.0	0.34
2-4	6.0	0.51
3-4	20.0	2.05

第 7 章
给水管网优化计算

完成了给水管网的水力计算，我们就可以进一步完成管网优化计算，管网优化计算的目的是，在技术上，满足城市水量、水压、水质的要求，在经济上，做到费用最小，所以也可称为管网技术经济计算。

管网的优化计算就是以经济性为目标函数，将水量和水压，水质安全，可靠性作为约束条件，据此建立目标函数和约束条件的表达式，以求出最优的管径或水头损失。由于其他因素都难以用数学式表达，因此管网优化计算主要是考虑各种设计目标的前提下，求出一定年限内，管网建设费用和管理费用之和为最小时的管段直径和水头损失，也就是求出经济管径或经济水头损失。

管网问题是很复杂的，给水系统的选择、管网的合理布置、泵站数目、各配水源水量的分配、管网系统的工作情况、调节水池的位置和容积、泵站运行情况等都会影响管网的技术经济指标。因此，在进行管网优化计算之前，应先确定水源的位置，完成管网布置，拟定泵站工作方案，选定控制点所需的最小服务水头，算出沿线流量和节点流量等。

在管网技术经济计算时，先进行流量分配，然后采用优化的方法，写出以流量、管径或水头损失表示的费用函数式，求得最优解。

7.1 管网优化计算的基础式

管网费用中主要是供水所需动力费用。动力费用随泵站的流量和扬程而定，扬程取决于控制点要求的最小服务水头，以及输水管和管网的水头损失等。水头损失又和管材、管段长度、管径、流速有关。当管网定线后，管材和管段长度已定，因此，建造费用和管理费用仅取决于流量和管径。

流量相同时，选用较小管径，管网建造费用可以降低，但水头损失随管径减小而增加，所以管理费用随之增加。如果选用较大管径，则管理费用减少而管网造价增大。如建造费用和管理费用之和以管径的函数表示，则在管网流量已分配的条件下，可以求得最优解。

单水源的树状网，因各管段的流量已定，只是管径未知。环状网和多水源的树状网，流量分配可有多种方案，因此对于这类管网，如未经流量分配，则各管段的流量和管径均为未知，不能求解。所以在优化计算时，须先进行管网的流量分配，并写出以流量和管径或水头损失表示的费用函数式。

7.1.1 管网年费用折算值

给水管网优化设计的目标是：降低管网年费用折算值。管网年费用折算值，是指在一定投资偿还期内，管网建设投资费用和运行管理费用之和的年平均值，如式（5-12）所示：

$$W = \frac{C}{t} + M$$

其中，$M = M_1 + M_2$，年费用折算值可进一步表示为：

$$W = \frac{C}{t} + M = \frac{C}{t} + M_1 + M_2 = \left(\frac{1}{t} + \frac{p}{100} \right) C + M_2$$

式中　W——年费用折算值，元/a；

　　　C——管网建设投资费用，元；

　　　t——管网建设投资偿还期，a；参照我国城市基础设施建设项目的投资计算期，可取 15～20 年；

　　　M_1——管网每年折旧和大修费用，元/a，该项费用一般按管网建设投资费用的百分比计算；

　　　M_2——管网年运行费用，元/a，主要考虑泵站的年运行总电费；

　　　p——管网年折旧和大修费率，%，一般取 $p = 2.5\% \sim 3.0\%$。

7.1.2 管网建设费用计算

年费用折算值表达式中的 C 为管网建设投资费用，是管网中所有管网设施的建设费用之和，包括管道、阀门、泵站、调节水池、水塔等造价。但是，由于泵站和水塔等设施的造价占总造价的比例较小，同时为了简化优化计算的复杂性，在管网优化设计计算中仅考虑管道系统和与之直接配套的管道配件及阀门等的综合造价。

管道的造价按管道单位长度造价乘以管段长度计算。管道单位长度造价通常指每米管道的建设费用，含直接费和间接费，包括管材、配件与附件等的材料费和施工费，与管道直径有关，可表示为下列形式：

$$c = a + bD_{ij}^{\alpha} \tag{7-1}$$

式中　c——管道单位长度造价，元 /m；

　　D_{ij}——管段直径，m；

a、b、α——管道单位长度造价公式统计参数。可以用曲线拟合当地管道单位长度造价统计数据求得，有作图法和最小二乘法两种方法。

则管网造价可表示为：

$$C = \sum (a + bD_{ij}^{\alpha}) l_{ij} \tag{7-2}$$

式中　l_{ij}——管段长度，m。

管网每年折旧和大修费用可表示为：

$$M_1 = \frac{p}{100}C = \frac{p}{100}\sum (a + bD_{ij}^{\alpha}) l_{ij} \tag{7-3}$$

7.1.3　泵站年运行电费计算

年费用折算值表达式中的 M_2 为管网年运行费用，主要是管网中所有泵站年运行电费之和，按全年各小时运行电费累计计算，可由下式表示：

$$M_2 = \sum_{t=1}^{24 \times 365} \frac{\rho g q_{pt} h_{pt} E_t}{\eta_t} = \frac{86000\gamma E}{\eta} Q_p H_p = KQ_p H_p \text{（元 /a）} \tag{7-4}$$

式中　E_t——t 时段电价，元 /（kWh），一般用电高峰、低峰和正常时间电价，各地有所不同；

　　ρ——水的密度，t/m³，近似取 1；

　　g——重力加速度，m/s²，近似取 9.81；

　　q_{pt}——t 时段泵站流量，m³/s；

　　h_{pt}——t 时段泵站扬程，m；

　　η_t——t 时段泵站能量综合效率，为变压器效率、电机效率、机械传动效率、水泵效率之积；

　　η——泵站最高日最高时综合效率；

　　E——最高日最高时用电电价，元 /kWh；

　　Q_p——泵站最高时供水流量，m³/s；

　　H_p——泵站最高时扬程，m；

　　γ——泵站电费变化系数，即泵站全年平均时电费与最大时电费的比值；

　　K——管网动力费用系数，元 /（m³/s・m・a）。

其中，H_p 为：

$$H_p = H_0 + \sum h_{ij}$$

式中 H_0——水泵静扬程，m；

$\sum h_{ij}$——从泵站到控制点的任一条管线上所有管段水头损失之和，m。

可用 K 简化表示：

$$K = \frac{86000\gamma E}{\eta}$$

γ 可表示为：

$$\gamma = \frac{\sum\limits_{t=1}^{24\times365} \rho g q_{pt} h_{pt} E_t / \eta_t}{8760 \rho g Q_p H_p E / \eta}$$

式中，$\rho g \times 24 \times 365 = 85935 \approx 86000$，$24 \times 365 = 8760$。

显然，$\gamma \leqslant 1$，且全年各小时 q_{pt}、h_{pt}、t 和 E_t 变化越大，γ 值越小。若全年电价不变，即 $E = E_t$，则 γ 变为泵站能量变化系数：

$$\gamma = \frac{\sum\limits_{t=1}^{24\times365} q_{pt} h_{pt} / \eta_t}{8760 Q_p H_p / \eta}$$

若泵站全年综合效率不变，即 $\eta_t = \eta$，则泵站能量变化系数简化为：

$$\gamma = \frac{\sum\limits_{t=1}^{24\times365} q_{pt} h_{pt}}{8760 Q_p H_p}$$

γ 也可参照相关城市规模进行取值。

7.1.4 目标函数和约束条件

将管网造价 C、泵站年运行电费 M_2 代入式（5-12），得：

$$W = \sum \left(\frac{1}{t} + \frac{p}{100} \right) (a + b D_{ij}^\alpha) l_{ij} + K (H_0 + \sum h_{ij}) Q_p \qquad (7\text{-}5)$$

给水管网优化设计的目标是使管网的年费用折算值最小，因此，目标函数表示为年费用折算最小值的表达式，即：

$$W_{min} = \sum \left(\frac{1}{t} + \frac{p}{100} \right) (a + b D_{ij}^\alpha) l_{ij} + K (H_0 + \sum h_{ij}) Q_p \qquad (7\text{-}6)$$

该目标函数表达的是在管网平面布局确定的条件下，合理确定各管段管径，使管网在保证水压、流量和供水可靠性的前提下，管网建设费用和运行管理费用之和最小。管网年费用折算值的最小化过程，就是不断地调整管径、管段水头损失，使管网的年费用最小，管径和水头损失等变量的调整必须满足管网水力条件和设计规范等要求，这些需要满足的要求在管网优化设计中称为约束条件。目标函数的约束条件包括：

（1）水力约束条件：包括连续性方程和能量方程：

114

$$q_i + \sum q_{ij} = 0$$
$$\sum h_{ij} = 0$$

（2）水压约束条件：各节点水压应满足当地最小服务水头，且不超过最大允许水头：

$$H_{\max} \geqslant H_j \geqslant H_c \tag{7-7}$$

式中　H_j——节点 j 的自由水压，m；

$H_{\max}$、H_c——允许的最大和最小自由水压，m。

（3）供水可靠性和管段流量约束条件：为了保证管网供水的可靠性，环状网不能变为树状网，即，各管段管径均不得为零。同时，管段设计流量应为正值：

$$D_{ij} > 0 \tag{7-8}$$
$$q_{ij} > 0 \tag{7-9}$$
$$h_{ij} > 0 \tag{7-10}$$

7.1.5　目标函数的求解讨论

在目标函数式（7-6）中，管网定线并初分流量后，只有管径和管段水头损失为未知量，因此，管网年折算费用 W 是管径 D_{ij} 和管段水头损失 h_{ij} 的函数。

沿程水头损失计算公式可表示为下列指数形式：

$$h_{ij} = \frac{k q_{ij}^{n}}{D_{ij}^{m}} l_{ij} \tag{7-11}$$

式（7-11）反映了管径、管段流量和水头损失之间的关系，该式可进一步转换为：

$$D_{ij} = \left(k \frac{q_{ij}^{n}}{h_{ij}} l_{ij} \right)^{\frac{1}{m}} \tag{7-12}$$

将式（7-11）、式（7-12）分别代入目标函数式（7-6）中，可将管网年折算费用表示为 q_{ij} 和 h_{ij} 或 q_{ij} 和 D_{ij} 的函数，如下式所示：

$$W_{\min} = \sum \left(\frac{1}{t} + \frac{p}{100} \right) (a + b D_{ij}^{\alpha}) l_{ij} + K \left(H_0 + \sum k \frac{q_{ij}^{n}}{D_{ij}^{m}} l_{ij} \right) Q_p \tag{7-13}$$

$$W_{\min} = \sum \left(\frac{1}{t} + \frac{p}{100} \right) \left[a + b \left(k \frac{q_{ij}^{n}}{h_{ij}} l_{ij} \right)^{\frac{\alpha}{m}} \right] l_{ij} + K (H_0 + \sum h_{ij}) Q_p \tag{7-14}$$

接下来，用式（7-13），流量 q_{ij} 和水头损失 h_{ij} 的关系对优化计算的极值问题进行分析。

对于式（7-13），目标函数中包括 q_{ij} 和 h_{ij} 两个变量，将其中一个变量看作常数，如将 h_{ij} 看作常数，则 q_{ij} 为变量，无约束的一阶和二阶导数分别为下列形式：

$$\frac{\partial W}{\partial q_{ij}} = \left(\frac{1}{t} + \frac{p}{100} \right) \frac{n\alpha}{m} b k^{\frac{\alpha}{m}} q_{ij}^{\frac{n\alpha-m}{m}} h_{ij}^{\frac{\alpha}{m}} l_{ij}^{\frac{\alpha+m}{m}} \tag{7-15}$$

$$\frac{\partial^2 W}{\partial q_{ij}^2} = \left(\frac{1}{t} + \frac{p}{100} \right) \frac{n\alpha}{m} \frac{n\alpha-m}{m} b k^{\frac{\alpha}{m}} q_{ij}^{\frac{n\alpha-2m}{m}} h_{ij}^{-\frac{\alpha}{m}} l_{ij}^{\frac{\alpha+m}{m}} \tag{7-16}$$

沿程水头损失的指数形式表达式（7-11）对于海曾－威廉公式表示如下：

$$h_y = \frac{10.67 q^{1.852}}{C_h^{1.852} d_j^{4.87}} l$$

式中，$k = \dfrac{10.67}{C_h^{1.852}}$，$n$ 通常取 1.852，m 取 4.87，α 取 1.5。因此，通常 $\dfrac{n\alpha - m}{m} < 0$，$W$ 对 q_{ij} 的二阶偏导数 $\dfrac{\partial^2 W}{\partial q_{ij}^2} < 0$。即，由一阶偏导数 $\dfrac{\partial W}{\partial q_{ij}} = 0$ 求得的极值为极大值。可见，在管段水头损失确定的条件下，只能求得最不利的流量分配，而无法求得最经济的流量分配和管径。

如将目标函数中的 q_{ij} 看作常数，则 h_{ij} 为变量，一阶导数、二阶导数分别为下列形式：

$$\frac{\partial W}{\partial h_{ij}} = -\left(\frac{1}{t} + \frac{p}{100}\right)\frac{\alpha}{m} b k^{\frac{\alpha}{m}} q_{ij}^{\frac{n\alpha}{m}} h_{ij}^{-\frac{\alpha+m}{m}} l_{ij}^{\frac{\alpha+m}{m}} + K Q_p \tag{7-17}$$

$$\frac{\partial^2 W}{\partial h_{ij}^2} = \left(\frac{1}{t} + \frac{p}{100}\right)\frac{\alpha}{m}\frac{\alpha+m}{m} b k^{\frac{\alpha}{m}} q_{ij}^{\frac{n\alpha}{m}} h_{ij}^{-\frac{\alpha+2m}{m}} l_{ij}^{\frac{\alpha+m}{m}} \tag{7-18}$$

式中，二阶导数 $\dfrac{\partial^2 W}{\partial h_{ij}^2} > 0$，说明 W 有极小值。即，当各管段的流量 q_{ij} 已知，由一阶导数 $\dfrac{\partial W}{\partial h_{ij}} = 0$ 所求得的是，最小 W 值所对应的经济水头损失或经济管径。可见，当进行了流量的初分，即各管段流量 q_{ij} 确定的情况下，可求得经济管段水头损失 h_{ij}，进而可确定经济管径 D_{ij}，管网年费用 W 值最小。

对于输水管或树状管网，各管段流量是确定的，可直接采用上述方法求解经济的管段水头损失 h_{ij} 和经济管径 D_{ij}。而环状网的优化计算必须从流量分配开始，不同的流量分配方案将影响后续的优化计算，最终影响管网费用，因此，环状网的流量分配要考虑经济因素和供水的安全可靠性。

7.2　输水管的技术经济计算

7.2.1　压力输水管的技术经济计算

如图 7-1 所示，从泵站到水塔的压力输水管，由管段 1-2、2-3、3-4、4-5 组成。

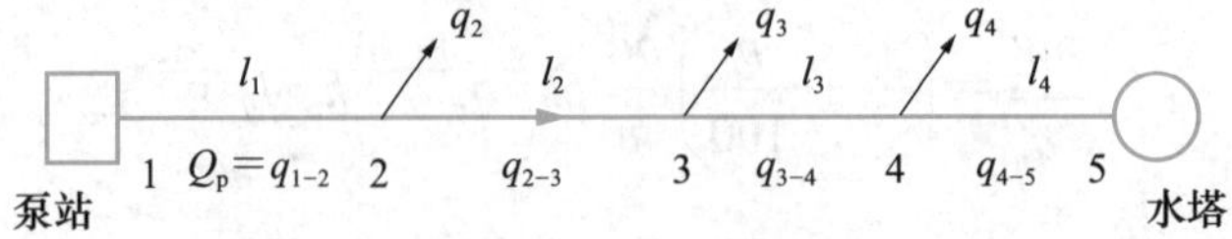

图 7-1　压力输水管

求每一管段年费用折算值最小所对应的经济管径，可由 q_{ij} 和 D_{ij} 的函数对每段管段求导数。即，在满足约束条件的前提下，可直接令 W 对 D_{ij} 的一阶偏导数 $\dfrac{\partial W}{\partial D_{ij}}=0$，来求最优管径：

$$\frac{\partial W}{\partial D_{ij}}=\left(\frac{1}{t}+\frac{p}{100}\right)\alpha b D_{ij}^{\alpha-1}l_{ij}-mKkQ_{p}q_{ij}^{n}D_{ij}^{-(m+1)}l_{ij}=0 \tag{7-19}$$

整理得压力输水管的经济管径公式如下：

$$D_{ij}=\left[\frac{mKk}{\left(\dfrac{1}{t}+\dfrac{p}{100}\right)\alpha b}\right]^{\frac{1}{\alpha+m}}Q_{p}^{\frac{1}{\alpha+m}}q_{ij}^{\frac{n}{\alpha+m}}=(fQ_{p}q_{ij}^{n})^{\frac{1}{\alpha+m}} \tag{7-20}$$

式中，f 为经济因素，是包括多种经济指标的综合参数：

$$f=\frac{86000\gamma Emk}{\eta\alpha b\left(\dfrac{1}{t}+\dfrac{p}{100}\right)} \tag{7-21}$$

当输水管全线流量不变时，即 $q_{ij}=Q_{p}$，D_{ij} 又可简化为下列形式：

$$D_{ij}=\left[\frac{mKk}{\left(\dfrac{1}{t}+\dfrac{p}{100}\right)\alpha b}\right]^{\frac{1}{\alpha+m}}Q_{p}^{\frac{1}{\alpha+m}}q_{ij}^{\frac{n}{\alpha+m}}=(fQ_{p}q_{ij}^{n})^{\frac{1}{\alpha+m}} \tag{7-22}$$

$$D_{ij}=(fQ_{p}^{n+1})^{\frac{1}{\alpha+m}} \tag{7-23}$$

7.2.2 重力输水管的技术经济计算

重力输水管是利用输水管两端的地形高差克服管线水头损失，不需要供水动力费用。因此，重力输水管的技术经济优化计算问题是：充分利用位置水头 ΔH，在管线总水头损失已定的条件下，优化分配各管段的水头损失 h_{ij}，依据各管段水头损失 h_{ij} 和管段流量 q_{ij} 确定各管段管径 D_{ij}，使输水管建设费用最小。

将式（7-14）略去供水动力费用这一项，得重力输水管优化设计目标函数：

$$W_{\min}=\sum\left(\frac{1}{t}+\frac{p}{100}\right)\left[a+b\left(k\frac{q_{ij}^{n}}{h_{ij}}l_{ij}\right)^{\frac{\alpha}{m}}\right]l_{ij} \tag{7-24}$$

约束条件为：输水管两端地形高差等于管线总水头损失。

$$\sum h_{ij}=\Delta H$$

可用拉格朗日条件极值法求解，于是问题转为求下列函数的最小值：

$$F(h)=W+\lambda(\Delta H-\sum h_{ij}) \tag{7-25}$$

即：

$$F(h)=\sum\left(\frac{1}{t}+\frac{p}{100}\right)\left[a+b\left(k\frac{q_{ij}^{n}}{h_{ij}}l_{ij}\right)^{\frac{\alpha}{m}}\right]l_{ij}+\lambda(\Delta H-\sum h_{ij}) \tag{7-26}$$

$F(h)$ 有极值的必要条件是：$\dfrac{\partial F}{\partial h_{ij}}=0$，$\dfrac{\partial F}{\partial \lambda}=0$，则有下列方程组：

$$\begin{cases} \dfrac{\partial F}{\partial h_{1-2}}=-\dfrac{\alpha}{m}\left(\dfrac{1}{t}+\dfrac{p}{100}\right)bk^{\frac{\alpha}{m}}q_{1-2}^{\frac{n\alpha}{m}}l_{1-2}^{\frac{\alpha+m}{m}}h_{1-2}^{-\frac{\alpha+m}{m}}-\lambda=0 \\[2mm] \dfrac{\partial F}{\partial h_{2-3}}=-\dfrac{\alpha}{m}\left(\dfrac{1}{t}+\dfrac{p}{100}\right)bk^{\frac{\alpha}{m}}q_{2-3}^{\frac{n\alpha}{m}}l_{2-3}^{\frac{\alpha+m}{m}}h_{2-3}^{-\frac{\alpha+m}{m}}-\lambda=0 \\[2mm] \cdots\cdots \\[2mm] \dfrac{\partial F}{\partial h_{ij}}=-\dfrac{\alpha}{m}\left(\dfrac{1}{t}+\dfrac{p}{100}\right)bk^{\frac{\alpha}{m}}q_{ij}^{\frac{n\alpha}{m}}l_{ij}^{\frac{\alpha+m}{m}}h_{ij}^{-\frac{\alpha+m}{m}}-\lambda=0 \end{cases} \quad (7\text{-}27)$$

$$\Delta H-\sum h_{ij}=0$$

方程组前 i 个（$i=$ 管段数 P）方程变形得：

$$\dfrac{q_{1-2}^{\frac{n\alpha}{m}}l_{1-2}^{\frac{\alpha+m}{m}}}{h_{1-2}^{\frac{\alpha+m}{m}}}=\dfrac{q_{2-3}^{\frac{n\alpha}{m}}l_{2-3}^{\frac{\alpha+m}{m}}}{h_{2-3}^{\frac{\alpha+m}{m}}}=\cdots=\dfrac{q_{ij}^{\frac{n\alpha}{m}}l_{ij}^{\frac{\alpha+m}{m}}}{h_{ij}^{\frac{\alpha+m}{m}}}=-\dfrac{\lambda}{\dfrac{\alpha}{m}\left(\dfrac{1}{t}+\dfrac{p}{100}\right)bk^{\frac{\alpha}{m}}}$$

通常，输水管各管段的 α、b、k、m、p、t 值相同，则上述各项数值为常数：

$$\dfrac{q_{ij}^{\frac{n\alpha}{\alpha+m}}}{i_{ij}}=常数 \quad (7\text{-}28)$$

$$i_{ij}=\dfrac{h_{ij}}{l_{ij}} \quad (7\text{-}29)$$

式中　i_{ij}——管段 ij 的水力坡度。

方程组的最后一个方程变形为：

$$\Delta H=\sum i_{ij}l_{ij} \quad (7\text{-}30)$$

联立两式，可求得输水管各管段的经济水力坡度 i_{ij}。再由下列经济管径的公式可得各管段的经济管径：

$$D_{ij}=\left(k\dfrac{q_{ij}^{n}}{i_{ij}}\right)^{\frac{1}{m}} \quad (7\text{-}31)$$

7.3　环状管网的技术经济计算

7.3.1　起点水压未给的管网

环状管网的技术经济计算原理，基本上和输水管相同，只是在求 W 的极小值时，还应符合 $q_i+\sum q_{ij}=0$、$\sum h_{ij}=0$ 的水力约束条件，其中，节点流量平衡条件在流量分配时已经满足。

起点水压未给的环状管网，其优化设计目标函数采用 q_{ij} 和 h_{ij} 的函数形式（式7-14），水泵扬程用管网起点水压和泵站吸水井水位之差表示，目标函数如下：

$$W_{\min} = \sum \left(\frac{1}{t} + \frac{p}{100} \right) \left[a + b \left(k \frac{q_{ij}^{\mathrm{n}}}{h_{ij}} l_{ij} \right)^{\frac{\alpha}{\mathrm{m}}} \right] l_{ij} + K \left(H_{\mathrm{q}} - Z_0 \right) Q_{\mathrm{p}} \qquad (7\text{-}32)$$

式中　H_{q}——管网起点水压，m；

Z_0——泵站吸水井水位，m。

下面，我们以图 7-2 所示的两环管网为例，来探讨起点水压未给的环状管网的优化计算过程。图 7-2 中，管网起点为节点 1，控制点为节点 6，控制点的水压标高为 H_6，进入管网的总流量 Q，节点流量、管段编号及流向如图 7-2 中所示。

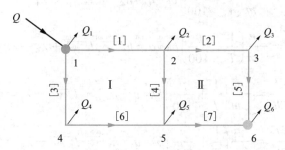

图 7-2　起点水压未给的环状管网优化计算简图

除了满足 $\sum h_{ij} = 0$ 的水力约束条件，管网起点的水压标高 H_1 和控制点的水压标高 H_6 之间还应满足下列关系：

$$H_1 - H_6 = \sum h_{1\text{-}6} \qquad (7\text{-}33)$$

式中　$\sum h_{1\text{-}6}$——从节点 1 到控制点 6 任一条管线的水头损失总和。

这里，水头损失须根据水流方向采用正值或负值，如选定的管线为 1-2-3-6，则 $H_1 - H_6 = \sum h_{1\text{-}6}$ 可表示为：

$$H_1 = h_{1\text{-}2} + h_{2\text{-}3} + h_{3\text{-}6} + H_6 \qquad (7\text{-}34)$$

使用拉格朗日未定乘数法求解：

$$F(h) = W + \lambda_1 f_1 + \lambda_2 f_2 + \cdots \qquad (7\text{-}35)$$

式中　f_1、f_2——已知的约束条件；

λ_1、λ_2——拉格朗日未定乘数。

据此写出经济水头损失的拉格朗日函数式：

$$\mathrm{F}(h) = \sum_{i=1}^{7} \left(\frac{1}{t} + \frac{p}{100} \right) \left[a + b \left(k \frac{q_i^{\mathrm{n}}}{h_i} l_i \right)^{\frac{\alpha}{\mathrm{m}}} \right] l_i + K \left(H_1 - Z_0 \right) Q + \qquad (7\text{-}36)$$

$$\lambda_{\mathrm{I}} \left(h_1 + h_4 - h_3 - h_6 \right) + \lambda_{\mathrm{II}} \left(h_2 + h_5 - h_4 - h_7 \right) + \lambda_{\mathrm{H}} \left(H_1 - h_1 - h_2 - h_5 - H_6 \right)$$

式中　λ_{I}、λ_{II}、λ_{H}——拉格朗日未定乘数；

H_1、H_6——分别为节点 1、节点 6 水压标高。

极值存在的必要条件为：$\dfrac{\partial F}{\partial h_i} = 0$、$\dfrac{\partial F}{\partial H_{\mathrm{q}}} = 0$，由此得：

$$\frac{\partial F}{\partial H_1} = KQ + \lambda_{\mathrm{H}} = 0 \qquad (7\text{-}37)$$

$$\frac{\partial F}{\partial h_1} = -\frac{\alpha}{m}\left(\frac{1}{T}+\frac{p}{100}\right)bk^{\frac{\alpha}{m}}q_1^{\frac{n\alpha}{m}}h_1^{-\frac{\alpha+m}{m}}l_1^{\frac{\alpha+m}{m}}+\lambda_{\mathrm{I}}-\lambda_{\mathrm{H}}=0 \tag{7-38}$$

$$\frac{\partial F}{\partial h_2} = -\frac{\alpha}{m}\left(\frac{1}{T}+\frac{p}{100}\right)bk^{\frac{\alpha}{m}}q_2^{\frac{n\alpha}{m}}h_2^{-\frac{\alpha+m}{m}}l_2^{\frac{\alpha+m}{m}}+\lambda_{\mathrm{II}}-\lambda_{\mathrm{H}}=0 \tag{7-39}$$

$$\frac{\partial F}{\partial h_3} = -\frac{\alpha}{m}\left(\frac{1}{T}+\frac{p}{100}\right)bk^{\frac{\alpha}{m}}q_3^{\frac{n\alpha}{m}}h_3^{-\frac{\alpha+m}{m}}l_3^{\frac{\alpha+m}{m}}-\lambda_{\mathrm{I}}=0 \tag{7-40}$$

$$\frac{\partial F}{\partial h_4} = -\frac{\alpha}{m}\left(\frac{1}{T}+\frac{p}{100}\right)bk^{\frac{\alpha}{m}}q_4^{\frac{n\alpha}{m}}h_4^{-\frac{\alpha+m}{m}}l_4^{\frac{\alpha+m}{m}}+\lambda_{\mathrm{I}}-\lambda_{\mathrm{II}}=0 \tag{7-41}$$

$$\frac{\partial F}{\partial h_5} = -\frac{\alpha}{m}\left(\frac{1}{T}+\frac{p}{100}\right)bk^{\frac{\alpha}{m}}q_5^{\frac{n\alpha}{m}}h_5^{-\frac{\alpha+m}{m}}l_5^{\frac{\alpha+m}{m}}+\lambda_{\mathrm{II}}-\lambda_{\mathrm{H}}=0 \tag{7-42}$$

$$\frac{\partial F}{\partial h_6} = -\frac{\alpha}{m}\left(\frac{1}{T}+\frac{p}{100}\right)bk^{\frac{\alpha}{m}}q_6^{\frac{n\alpha}{m}}h_6^{-\frac{\alpha+m}{m}}l_6^{\frac{\alpha+m}{m}}-\lambda_{\mathrm{I}}=0 \tag{7-43}$$

$$\frac{\partial F}{\partial h_7} = -\frac{\alpha}{m}\left(\frac{1}{T}+\frac{p}{100}\right)bk^{\frac{\alpha}{m}}q_7^{\frac{n\alpha}{m}}h_7^{-\frac{\alpha+m}{m}}l_7^{\frac{\alpha+m}{m}}-\lambda_{\mathrm{II}}=0 \tag{7-44}$$

以节点 i 为统计单元,将与节点 i 相连的管段的偏导数相加减,消去 λ,得到 5 个独立的方程:

节点 1:

$$\frac{\partial F}{\partial H_1}+\frac{\partial F}{\partial h_1}-\frac{\partial F}{\partial h_3}=-\frac{\alpha}{m}\left(\frac{1}{T}+\frac{p}{100}\right)bk^{\frac{\alpha}{m}}\left(q_1^{\frac{n\alpha}{m}}l_1^{\frac{\alpha+m}{m}}h_1^{-\frac{\alpha+m}{m}}+q_3^{\frac{n\alpha}{m}}l_3^{\frac{\alpha+m}{m}}h_3^{-\frac{\alpha+m}{m}}\right)+KQ=0 \tag{7-45}$$

节点 2:

$$\frac{\partial F}{\partial h_2}+\frac{\partial F}{\partial h_4}-\frac{\partial F}{\partial h_1}=-\frac{\alpha}{m}\left(\frac{1}{T}+\frac{p}{100}\right)bk^{\frac{\alpha}{m}}\left(q_2^{\frac{n\alpha}{m}}l_2^{\frac{\alpha+m}{m}}h_2^{-\frac{\alpha+m}{m}}+q_4^{\frac{n\alpha}{m}}l_4^{\frac{\alpha+m}{m}}h_4^{-\frac{\alpha+m}{m}}-q_1^{\frac{n\alpha}{m}}l_1^{\frac{\alpha+m}{m}}h_1^{-\frac{\alpha+m}{m}}\right)$$
$$=0 \tag{7-46}$$

节点 3:

$$\frac{\partial F}{\partial h_5}-\frac{\partial F}{\partial h_2}=-\frac{\alpha}{m}\left(\frac{1}{T}+\frac{p}{100}\right)bk^{\frac{\alpha}{m}}\left(q_5^{\frac{n\alpha}{m}}l_5^{\frac{\alpha+m}{m}}h_5^{-\frac{\alpha+m}{m}}-q_2^{\frac{n\alpha}{m}}l_2^{\frac{\alpha+m}{m}}h_2^{-\frac{\alpha+m}{m}}\right)=0 \tag{7-47}$$

节点 4:

$$\frac{\partial F}{\partial h_6}-\frac{\partial F}{\partial h_3}=-\frac{\alpha}{m}\left(\frac{1}{T}+\frac{p}{100}\right)bk^{\frac{\alpha}{m}}\left(q_6^{\frac{n\alpha}{m}}l_6^{\frac{\alpha+m}{m}}h_6^{-\frac{\alpha+m}{m}}-q_3^{\frac{n\alpha}{m}}l_3^{\frac{\alpha+m}{m}}h_3^{-\frac{\alpha+m}{m}}\right)=0 \tag{7-48}$$

节点 5:

$$\frac{\partial F}{\partial h_7}-\frac{\partial F}{\partial h_4}-\frac{\partial F}{\partial h_6}=-\frac{\alpha}{m}\left(\frac{1}{T}+\frac{p}{100}\right)bk^{\frac{\alpha}{m}}\left(q_7^{\frac{n\alpha}{m}}l_7^{\frac{\alpha+m}{m}}h_7^{-\frac{\alpha+m}{m}}-q_4^{\frac{n\alpha}{m}}l_4^{\frac{\alpha+m}{m}}h_4^{-\frac{\alpha+m}{m}}-q_6^{\frac{n\alpha}{m}}l_6^{\frac{\alpha+m}{m}}h_6^{-\frac{\alpha+m}{m}}\right)$$
$$=0 \tag{7-49}$$

令 A 和 a_i 分别表示如下:

$$A = \frac{mK}{\left(\dfrac{1}{T} + \dfrac{p}{100}\right) b a k^{\frac{\alpha}{m}}}$$

$$a_i = q_i^{\frac{n\alpha}{m}} l_i^{\frac{\alpha + m}{m}}$$

则上述方程组可简化为下列形式:

$$\left.\begin{aligned}
a_1 h_1^{-\frac{\alpha+m}{m}} + a_3 h_3^{-\frac{\alpha+m}{m}} - AQ &= 0 \\
a_2 h_2^{-\frac{\alpha+m}{m}} + a_4 h_4^{-\frac{\alpha+m}{m}} - a_1 h_1^{-\frac{\alpha+m}{m}} &= 0 \\
a_5 h_5^{-\frac{\alpha+m}{m}} - a_2 h_2^{-\frac{\alpha+m}{m}} &= 0 \\
a_6 h_6^{-\frac{\alpha+m}{m}} - a_3 h_3^{-\frac{\alpha+m}{m}} &= 0 \\
a_7 h_7^{-\frac{\alpha+m}{m}} - a_4 h_4^{-\frac{\alpha+m}{m}} - a_6 h_6^{-\frac{\alpha+m}{m}} &= 0
\end{aligned}\right\} \quad (7\text{-}50)$$

可见,式(7-50)方程组中的方程类似于节点连续性方程,每一方程表示一个节点上的管段关系,例如,节点 2 对应的方程,表示该节点与管段[1]、[2]、[4]相连,管段[2]、[4]流出该节点,标以正号,管段[1]流向该节点,标以负号。所以,该方程组称为节点方程。

节点方程共有 $J-1$ 个,加上约束条件 L 个能量方程,共计 $J+L-1=P$ 个方程,可以求出 P 个管段的水头损失 h_i。但是,虽然联立后可以求解,由于该方程组为多元非线性方程组,计算工作量较大,需通过计算机求解,下面我们来介绍一种比较简单的计算方法,基本原理说明如下:

(1)节点虚流量连续性方程

首先,将该式(7-50)各项除以 AQ,并令 x_i 如下:

$$x_i = \frac{a_i h_i^{-\frac{\alpha+m}{m}}}{AQ} = \frac{q_i^{\frac{n\alpha}{m}} l_i^{\frac{\alpha+m}{m}} h_i^{-\frac{\alpha+m}{m}}}{AQ} \quad (7\text{-}51)$$

得到关于 x_i 的方程组:

$$\left.\begin{aligned}
x_1 + x_3 &= 1 \\
x_2 + x_4 - x_1 &= 0 \\
x_5 - x_2 &= 0 \\
x_6 - x_3 &= 0 \\
x_7 - x_4 - x_6 &= 0
\end{aligned}\right\} \quad (7\text{-}52)$$

式(7-52)中,除第一个方程外,其余方程均具有 $\sum x_i = 0$ 的形式,类似于节点流量连续性方程。x_i 表示 i 管段流量占管网总流量 Q 的比例,可称为虚流量,当通过管网的总流量 Q 为 1 时,各管段的 x_i 值为 $0 \sim 1$,即,x_i 可看做是管网总流量 $Q = 1$ 时,每一管段中的虚流量,方程式(7-52)可看成是节点虚流量连续性方程。

未知虚流量 x_i 的个数等于管网的管段数 P,P 个未知数需要 P 个方程求解,已有

$J-1$ 个节点方程，缺少 L 个方程，可由每环各管段在通过 x_i 虚流量时的虚水头损失平衡条件加以补充。

（2）虚能量方程

将式（7-51）转化为环状网任一管段的经济水头损失公式：

$$h_i = \frac{q_i^{\frac{n\alpha}{\alpha+m}} l_i}{(AQ)^{\frac{m}{\alpha+m}}} x_i^{-\frac{m}{\alpha+m}} \tag{7-53}$$

将该式（7-53）代入能量方程式 $\sum h_{ij}=0$，得：

$$\sum \frac{q_i^{\frac{n\alpha}{\alpha+m}} l_i}{(AQ)^{\frac{m}{\alpha+m}}} x_i^{-\frac{m}{\alpha+m}} = 0 \tag{7-54}$$

式（7-54）中，$(AQ)^{\frac{m}{\alpha+m}}$ 为常数，则式（7-54）可简化为：

$$\sum (q_i^{\frac{n\alpha}{\alpha+m}} l_i x_i^{-\frac{m}{\alpha+m}})_p = 0 \tag{7-55}$$

令：

$$h_{\Phi i} = q_i^{\frac{n\alpha}{\alpha+m}} l_i x_i^{-\frac{m}{\alpha+m}} = S_{\Phi i} x_i^{-\frac{m}{\alpha+m}} \tag{7-56}$$

则能量方程 $\sum h_{ij}=0$ 转化为：

$$\sum h_{\Phi i} = \sum S_{\Phi i} x_i^{-\frac{m}{\alpha+m}} = 0 \tag{7-57}$$

与管段虚流量 x_i 类似，$h_{\Phi i}$ 称为虚水头损失，$S_{\Phi i}$ 称为虚摩阻，式（7-57）可看作是每环内虚水头损失平衡的条件，也叫虚能量方程。

比较式（7-53）和式（7-56）可见，虚水头损失 $h_{\Phi i}$ 是经济水头损失 h_i 的 $(AQ)^{\frac{m}{\alpha+m}}$ 倍，即：

$$h_{\Phi i} = (AQ)^{\frac{m}{\alpha+m}} h_i \tag{7-58}$$

（3）求解管段虚流量 x_i

节点虚流量连续性方程式（7-52）和虚能量方程式（7-57）类似于节点流量连续性方程和环能量方程，可以联立，用于求解管段虚流量 x_i，一旦求出了 x_i，即可用式（7-12）和式（7-53）求得各管段经济管径 D_i。

求解 xi 的计算方法和水力计算的过程一样，即先按 $Q=1$ 进行管段虚流量初步分配，初分的目的是使管段虚流量满足节点虚流量连续性方程式（7-52）。然后进行虚流量平差，即用初步分配的虚流量计算管段虚水头损失 $h_{\Phi i}$，计算各环管段虚水头损失之和，该值不一定满足虚能量方程式（7-57）的要求，可在各环内施加虚校正流量 Δx_L，校正各管段虚流量。虚校正流量 Δx_L 可用下式计算：

$$\Delta x_L = \frac{\sum (q_i^{\frac{n\alpha}{\alpha+m}} l_i x_i^{-\frac{m}{\alpha+m}})}{\frac{m}{\alpha+m} \sum (q_i^{\frac{n\alpha}{\alpha+m}} l_i x_i^{\frac{\alpha+2m}{\alpha+m}})} \tag{7-59}$$

用虚校正流量 Δx_L 调整初步分配的管段虚流量，得到新的管段虚流量，再重新计算虚水头损失 $h_{\Phi i}$ 和各环闭合差 $\sum h_{\Phi i}$。如此反复计算，直到 $\sum h_{\Phi i}$ 足够小。

解得 x_i 后，可利用式（7-12）和式（7-53）计算各管段经济管径 D_i：

$$D_i = (AQx_i k^{\frac{\alpha+m}{m}} q_i^n)^{\frac{1}{\alpha+m}} = (fQx_i q_i^n)^{\frac{1}{\alpha+m}} \quad\quad (7\text{-}60)$$

$$f = Ak^{\frac{\alpha+m}{m}} \quad\quad (7\text{-}61)$$

式中　f——经济因素，包含多种经济指标的综合参数；

　　　Q——进入管网的总流量，m^3/s；

　　　q_i——管网中 i 管段的流量，m^3/s；

　　　x_i——管网中 i 管段的虚流量。

由式（7-60）求得的经济管径不一定恰好是标准管径，需选用规格相近的标准管径。

7.3.2　起点水压已给的管网

水源位于高地，依靠重力供水的管网，或从现有管网接出的扩建管网，都可以看作是起点水压已给的管网。

求经济管径时，须满足每环水头损失之和为零 $\sum h_{ij} = 0$ 的水力条件，且充分利用现有水压，尽量降低管网造价。起点水压已给的管网优化设计目标函数与起点水压未给的管网目标函数类似，只是省略动力费用一项。

如图 7-3 所示的重力供水管网，因管网起点 1 和控制点 9 的水压标高已知，所以 1、9 两点之间管线水头损失应小于或等于所能利用的水压 $H = H_1 - H_9$，以管线 1-2-3-6-9 为例，有下列关系：

$$H = H_1 - H_9 = \sum h_{ij} = h_{1\text{-}2} + h_{2\text{-}3} + h_{3\text{-}6} + h_{6\text{-}9}$$

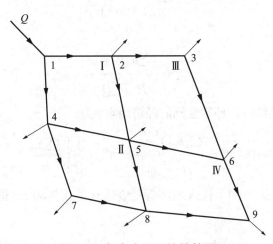

图 7-3　起点水压已给的管网

起点水压已给管网优化设计的目标函数如下：

$$W_{\min} = \sum \left(\frac{1}{t} + \frac{p}{100} \right) \left[a + b \left(k \frac{q_{ij}^n}{h_{ij}} l_{ij} \right)^{\frac{\alpha}{m}} \right] l_{ij} \quad\quad (7\text{-}62)$$

约束条件如下：

$$\sum h_{ij} = 0 \quad\quad (7\text{-}63)$$

$$H = H_q - H_c = \sum h_{qc} \quad\quad (7\text{-}64)$$

式（7-63）表示环能量方程，式（7-64）表示：应充分利用水源已提供的水压，将其消耗在从水源至控制点的管路上，选用尽可能经济的管径。

式中　H——水源水位 H_q 与控制点最小水压 H_c 的差值；

　　　$\sum h_{qc}$——从控制点至水源的任一条管线上所有管段水头损失之和。

仍可采用拉格朗日乘数法求解，形式如下：

$$F(h) = \sum_{i=1}^{p} \left(\frac{1}{t} + \frac{p}{100} \right) \left[a + b \left(k \frac{q_i^n}{h_i} l_i \right)^{\frac{\alpha}{m}} \right] l_i + \lambda_I \sum (h_i)_I + \lambda_{II} \sum (h_i)_{II} + \cdots +$$

$$\lambda_L \sum (h_i)_L + \lambda_H (H - \sum h_i) \qquad (7\text{-}65)$$

式中　λ_I、λ_{II}、λ_L、λ_H——拉格朗日未定乘数；

　　　L——管网环数。

利用式（7-65）可求解经济水头损失和经济管径，求解方法和步骤与起点水压未给的管网相同。最后解得与式（7-60）类似的经济管径公式，只是经济因素 f 不同。

引用式（7-58）经济水头损失和虚水头损失的关系，即：

$$h_i = \frac{h_{\Phi i}}{(AQ)^{\frac{m}{\alpha+m}}} \qquad (7\text{-}66)$$

将式（7-66）代入可利用水压 H 等于总水头损失 $\sum h_i$ 的关系式中，得：

$$H = \sum h_i = \frac{\sum h_{\Phi i}}{(AQ)^{\frac{m}{\alpha+m}}} \qquad (7\text{-}67)$$

或

$$A = \frac{(\sum h_{\Phi i})^{\frac{\alpha+m}{m}}}{H^{\frac{\alpha+m}{m}} Q} \qquad (7\text{-}68)$$

由此得起点水压已给时，环状管网的经济因素 f 为：

$$f = A k^{\frac{\alpha+m}{m}} = \frac{(\sum h_{\Phi i})^{\frac{\alpha+m}{m}}}{H^{\frac{\alpha+m}{m}} Q} k^{\frac{\alpha+m}{m}} = \frac{1}{Q} \left[\frac{k \sum h_{\Phi i}}{H} \right]^{\frac{\alpha+m}{m}} \qquad (7\text{-}69)$$

将经济因素 f 值（式 7-69）代入经济管径表达式（式 7-60），得起点水压已给管网的经济管径公式如下：

$$D_i = (fQx_iq_i^n)^{\frac{1}{\alpha+m}} = \left[\frac{k \sum h_{\Phi i}}{H} \right]^{\frac{1}{m}} (x_iq_i^n)^{\frac{1}{\alpha+m}} = \left[\frac{k \sum (q_i^{\frac{n\alpha}{\alpha+m}} l_i x^{-\frac{m}{\alpha+m}})}{H} \right]^{\frac{1}{m}} (x_iq_i^n)^{\frac{1}{\alpha+m}}$$

$$(7\text{-}70)$$

式（7-70）中，括号内总和的值是指从管网起点到控制点的选定管线上，各管段虚水头损失总和，q_i 表示所计算管段的流量。

可见，无论是起点水压未给或是已给的管网，均可用式（7-60）求经济管径，只是在求经济因素时，前者须计入动力费用而用"未给"的式（7-61），后者不计动力费用，只需充分利用现有水压而用"已给"的式（7-69）。

我们来总结一下环状管网优化设计的步骤：

首先，综合考虑经济性和安全可靠性，优化分配各管段流量；以满足虚节点连续性方程为条件，初步分配管段虚流量 x_i；计算各管段虚水头损失 $h_{\Phi i}$ 及环内闭合差 $\sum h_{\Phi i}$；计算环内虚校正流量 Δx_L，并校正管段虚流量，直至满足虚能量方程式（7-57）；根据校正后管段虚流量计算节点水压未给和已给管网的经济管径。

7.4　管网的近似优化计算

管网的优化计算建立在管段流量优化分配的基础上，但是，由于设计流量本身的精确度有限，而且由计算所得的经济管径，往往不是标准管径，在选用尺寸相近的标准管径过程中，也难免产生误差。因此，可以考虑使用近似的技术经济计算方法，以减轻计算工作量。

近似计算时，仍采用推导得到的经济管径公式（7-60）和式（7-70），分配虚流量时需满足 $\sum x_i = 0$ 的条件，但不进行虚流量平差。根据经验，用这种近似优化法计算得出的管径，只是个别管段与精确算法的结果不同。

为了进一步简化计算，还可以使每一管段的 $x_i = 1$，即将其视为与管网中其他管段无关的单独工作管段，由此算出的管径，对于距离二级泵站较远的管段，误差较大。

为了求出单独工作管段的经济管径，可应用界限流量的概念。我们在前面确定管径的时候提过这种方法。

按经济管径公式（7-23）求出的管径，是在某一流量下的经济管径，但不一定等于市售的标准管径，由于标准管径分档较少，因此，每种标准管径不仅有相应的最经济流量，并且有其经济的界限流量范围，在此范围内用这一管径都是经济的，超出界限流量范围就需采用大一号或小一号的标准管径。

根据相邻两标准管径 D_{n-1} 和 D_n 年折算费用相等的条件，可以确定界限流量。这时相应的流量 q_1 即为相邻管径的界限流量，即 q_1 既是 D_{n-1} 的上限流量，又是 D_n 的下限流量。用同样的方法求出相邻管径 D_n 和 D_{n+1} 的界限流量 q_2，这时 q_2 既是 D_n 的上限流量，又是 D_{n+1} 的下限流量。凡是管段流量在 q_1 和 q_2 之间的，应选用 D_n 的管径，否则就不经济。如果流量恰好等于 q_1 或 q_2，因两种管径的年折算费用相等，都可选用。标准管径的分档规格越少，则每种管径的界限流量范围越大。

为求出各种标准管径的界限流量，可将相邻两档标准管径 D_{n-1} 和 D_n 分别代入年费用折算公式（7-5），并取式（7-60）中的 $n = 2$，得：

$$W_{n-1} = \left(\frac{1}{t} + \frac{p}{100}\right)(a + bD_{n-1}{}^{\alpha})l_{n-1} + Kkq_1^3 l_{n-1} D_{n-1}{}^{-m} \tag{7-71}$$

$$W_n = \left(\frac{1}{t} + \frac{p}{100}\right)(a + bD_n^{\alpha})l_n + Kkq_1^3 l_n D_n{}^{-m} \tag{7-72}$$

相邻两档管径的年费用折算值相等，即 $W_{n-1} = W_n$，管段长度相同，由此得：

$$b\left(\frac{1}{t} + \frac{p}{100}\right)(D_n^{\alpha} - D_{n-1}{}^{\alpha}) = Kkq_1^3\left(D_{n-1}{}^{-m} - D_n{}^{-m}\right) \tag{7-73}$$

化简后得 D_{n-1} 和 D_n 两档管径的界限流量 q_1：

$$q_1 = \left(\frac{m}{f\alpha}\right)^{\frac{1}{3}}\left(\frac{D_n^{\alpha}-D_{n-1}^{\alpha}}{D_{n-1}^{-m}-D_n^{-m}}\right)^{\frac{1}{3}} \quad (7\text{-}74)$$

当流量为 q_1 时，选用管径 D_{n-1} 或 D_n 都是经济的。

通过同样的方法，可从相邻标准管径 D_n 和 D_{n+1} 的年折算费用 W_n 和 W_{n+1} 相等的条件求出界限流量 q_2。

对标准管径 D_n 来说，界限流量在 q_1 和 q_2 之间，即在流量 q_1 和 q_2 范围内，选用管径 D_n 都是经济的。

城市的管网造价、电费、用水规律和所用水头损失公式等均有不同，所以不同城市的界限流量不同，不能任意套用。即使同一城市，管网建造费用和动力费用也有变化，因此，应根据当时当地的经济指标和所用水头损失公式，求出 f、k、α、m 等值，再代入式（7-74）确定界限流量。

设 $x_i=1$，$f=1$，$m=5.33$，$\alpha=1.8$，代入式（7-74），即得界限流量，如表 7-1 所示。

界限流量表　　　　　　表 7-1

管径（mm）	界限流量（L/s）	管径（mm）	界限流量（L/s）
100	＜9	450	130～168
150	9～15	500	168～237
200	15～28.5	600	237～355
250	28.5～45	700	355～490
300	45～68	800	490～685
350	68～96	900	685～822
400	96～130	1000	822～1120

例如，管径 150mm 和管径 200mm 的界限流量为：

$$q = \left(\frac{m}{f\alpha}\right)^{\frac{1}{3}}\left(\frac{D_n^{\alpha}-D_{n-1}^{\alpha}}{D_{n-1}^{-m}-D_n^{-m}}\right)^{\frac{1}{3}} = \left(\frac{5.33}{1.8\times1}\right)^{\frac{1}{3}}\left(\frac{0.2^{1.8}-0.15^{1.8}}{0.15^{-5.33}-0.2^{-5.33}}\right)^{\frac{1}{3}} = 0.015\,(\text{m}^3/\text{s}) = 15\,(\text{L/s})$$

当 $f=1$，$x_i=1$，$n=2$ 时，通过流量 q_0 时的经济管径为：

$$D_i = q_0^{\frac{3}{\alpha+m}}$$

当 $f\neq1$，$x_i\neq1$，$n=2$ 时，须将该管段流量化为折算流量后，再查界限流量表。

令式（7-23）等于式（7-60），得折算流量：

$$q_0 = \sqrt[3]{f}\,q_i\sqrt[3]{\frac{Qx_i}{q_i}} \quad (7\text{-}75)$$

对于单独的管段，即不考虑与管网中其他管段的联系时，折算流量为：

$$q_0 = \sqrt[3]{f}\,q_i \quad (7\text{-}76)$$

式（7-75）和式（7-76）的区别在于：式（7-75）考虑管网内各管段之间的相互关系，

此时需通过管网技术经济计算求得管段的 x_i 值；而式（7-76）指单独工作的管线，并不考虑该管段与管网中其他管段的关系。

根据上两式求得的折算流量 q_0，查表 7-1 即得经济的标准管径。

课后题

一、单选题

1. 管材、附件费用及施工费用为管网的（　　）。

A. 总费用
B. 运行管理费用
C. 建造费用
D. 动力费用

2. 管网的技术经济计算以（　　）为目标函数，而将其余的作为约束条件，据此建立目标函数和约束条件的表达式，以求出最优的管径或水头损失，也就是求出经济管径或经济水头损失。

A. 经济性
B. 可靠性
C. 安全性
D. 适用性

3. 目前的管网技术经济计算时，先进行（　　），然后采用优化的方法，写出比流量、管径（或水头损失）表示的费用函数式，求得最优解。

A. 流量估算
B. 方案比选
C. 管径确定
D. 流量分配

4. 管网建造费用中主要是（　　）的费用。

A. 泵站
B. 水塔
C. 管线
D. 水池

5. 管理费用中主要是（　　）。

A. 技术管理费用
B. 检修费用
C. 供水所需的动力费用
D. 管网附件费用

6. （　　）会影响技术经济指标。在进行技术经济计算之前，应确定水源位置，进行管网初步布置，拟定泵站运行方案，选定控制点所需的最小服务水头，计算出沿线流量和节点流量等。

A. 管网布置
B. 调节水池容积
C. 泵站运行
D. 以上均正确

二、多选题

1. 为得出最经济和最适合的管网选择应进行管网多方案技术经济比较，确定优化方案，在优化设计时应考虑到（　　）。

A. 保证供水所需的水量和水压
B. 水质安全

C. 可靠性（保证事故时水量）和经济性

2. 动力费用随泵站的流量和扬程而定，扬程取决于（ ）。

A. 控制点要求的最小服务水头损失　　B. 输水管的水头损失

C. 管网的水头损失

三、思考题

1. 经济因素 f 和哪些技术经济因素有关？各城市的 f 值可否依托套用？

2. 为什么说，如果不考虑供水的可能性，任何管网优化的结果都会成为树状网？

四、计算题

1. 重力输水管由 $L_{1-2}=300\text{m}$，$q_{1-2}=100\text{L/s}$；$L_{2-3}=250\text{m}$，$q_{2-3}=80\text{L/s}$；$L_{3-4}=200\text{m}$，$q_{3-4}=40\text{L/s}$ 三管段组成，设起端和终端水压差为 $H_{1-4}=H_1-H_4=8\text{m}$，$n=2$，$m=5.33$，$\alpha=1.7$，试求各管段经济直径。

2. 某压力输水管由 3 段组成，第一段上设有泵站，设计流量为 160L/s，第二、三段设计流量分别为 140L/s 和 50L/s，有关经济指标为：$b=2105$，$a=1.52$，$T=15$，$p=2.5$，$E=0.6$，$\gamma=0.55$，$\eta=0.7$，$n=1.852$，$k=0.00177$，$m=4.87$。管段长度分别为：$l_1=1660\text{m}$，$l_2=2120\text{m}$，$l_3=1350\text{m}$，泵站前的吸水井水位 $H_1=20\text{m}$，管线末端地面标高 $H_4=32\text{m}$，管线末端服务压力 $H_f=16\text{m}$。

（1）计算各管段优化管径；

（2）求泵站的总扬程 H。

3. 设经济因素 $f=0.86$，$\dfrac{\alpha}{m}=\dfrac{1.7}{5.33}$，试求 300mm 和 400mm 两种管径的界限流量。

第7章
课后题
答案

第8章
分区给水系统

　　在地形高差显著或给水区面积宽广的城市管网或长距离输水管，都有必要考虑分区给水。分区给水是根据城市地形特点将整个给水系统分成若干区，每区有独立的泵站、管网等。区与区之间可有适当的联系，以保证供水可靠和调度灵活。分区给水的技术依据是，使管网的水压不超过管道可以承受的压力，以免损坏管道和附件并减少漏水量，在经济上可以减少供水系统多余的能量消耗。

8.1 分区给水的形式

图 8-1 所示即为给水区地形起伏、高差较大时采用的分区给水系统。

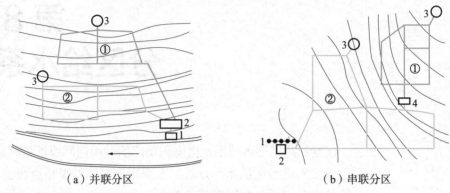

（a）并联分区　　　　　　　　　（b）串联分区

图 8-1　分区给水系统

①—高区；②—低区

1—取水构筑物；2—水处理构筑物和二级泵站；3—水塔或水池；4—高区泵站

图 8-1（a）中，由同一级泵站的低压和高压水泵分别供给低区和高区用水，这种形式称为并联分区。并联分区的各区用水分别供给，比较安全可靠，管理方便；但增加了输水管长度和造价，同时，由于到高区的水泵扬程高，需用耐高压的输水管。

图 8-1（b）中，先由低区泵站 2 供给低区用水，再由高区泵站 4 增压供给高区用水，这种形式称为串联分区。与并联分区相比，串联分区的输水管长度缩短，但需增设高区泵站。

大城市的管网往往由于城市面积大、管线延伸长，而导致管网水头损失过大，使管网中最高水压过大，为了防止超压，须在管网中设加压泵站或水库泵站，也是串联分区的一种形式。

图 8-2 所示为长距离重力输水管，从水库 A 输水至水池 B，为防止水管承受压力过高，将输水管适当分段，在分段处建造水池以降低输水管的水压。

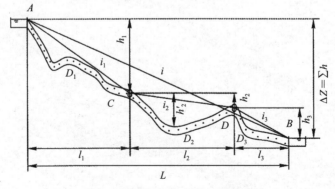

图 8-2　长距离重力输水管分区

若该输水管不分段，且全线采用相同的管径，则水力坡度为：$i = \dfrac{\Delta Z}{L}$，这时，部分管线所承受的压力很高，在地形高于水力坡线的位置，如 D 点，管中又会出现负压，显然是不合理的。

若将该输水管分成 3 段，即在 C 和 D 处建造水池，则 C 点附近水管的工作压力将有所下降，D 点也不会出现负压，大部分管线的静水压力将显著减小。这是一种重力给水分区系统。

可见，将输水管分段并在适当位置建造水池后，不仅可以降低输水管的工作压力，并且可以降低输水管各点的静水压力，使各区的静水压不超过 h_1、h_2' 和 h_3，因此是经济合理的。水池应尽量布置在地形较高的地方，以免出现虹吸管段。

8.2　分区给水的能量分析

如图 8-3 中所示的给水区域，假设地形从泵站起均匀升高，水由泵站经输水管供水到管网，这时管网中的水压以靠近泵站处为最高。

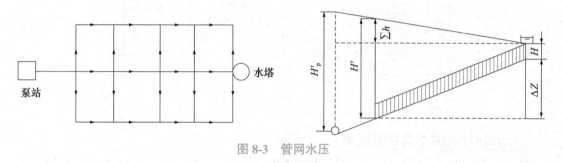

图 8-3　管网水压

设给水区的地形高差为 ΔZ，管网要求的最小服务水头为 H，最高用水时管网的水头损失为 $\sum h$，则管网中最高水压 H' 表达如下：

$$H' = \Delta Z + H + \sum h \tag{8-1}$$

由于输水管水头损失的存在，泵站扬程 $H_p' > H'$。

城市管网能承受的最高水压由水管材料和接口形式等确定。铸铁管虽能承受较高的水压，但为使用安全和管理方便起见，水压最好不超过 490～590kPa（约 50～60mH$_2$O）。

城市管网最小服务水头 H 由房屋层数确定，管网的水头损失 $\sum h$ 由管网水力计算确定。当管网延伸很远时，即使地形平坦，即 ΔZ 很小，也会因管网水头损失 $\sum h$ 过大，而使得管网中最高水压 H' 过大。为防止超压，须在管网中途设置水库泵站或加压泵站，形成分区给水系统。根据管网最高承受水压、最小服务水头以及水头损失，即可确定管网最高承压下所允许的最大地形高差 ΔZ，即确定出给水分区界线。这是由于限制管网水压而从技术上采取分区的给水系统。

多数情况下，采用分区给水除了技术上的因素外，还应考虑经济因素。在大中城市或工业企业给水系统中，供水所需的动力费用较大，在给水成本中占比较大，采用分区给水系统可降低供水的动力费用。

由于泵站扬程是根据控制点所需最小服务水头和管网中的水头损失确定的，所以除了控制点附近地区外，大部分给水区的管网水压均高于实际所需的水压，出现了不可避免的能量浪费。在设计给水系统时，应充分考虑供水能量的利用，需对管网进行能量分析，找出哪些是浪费的能量，如何减少这部分能量，以此作为分区给水的依据，选择合适的分区给水系统。

8.2.1 输水管的供水能量分析

以如图 8-4 所示的输水管为例，泵站设在节点 5 处，各管段的流量 q_{ij} 和管径 D_{ij} 随着与泵站距离的增加而减小。

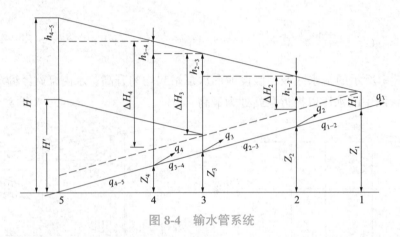

图 8-4 输水管系统

未分区时泵站供水的总能量为：

$$E = \rho g q_{4-5} H \qquad (8-2)$$

或

$$E = \rho g q_{4-5} (Z_1 + H_1 + \sum h_{ij}) \qquad (8-3)$$

式中 q_{4-5}——泵站总供水量，L/s；

Z_1——控制点地面高出泵站吸水井水面的高度，m；

H_1——控制点所需最小服务水头；

$\sum h_{ij}$——从控制点到泵站的总水头损失，m；

ρ——水的密度，kg/L；

g——重力加速度，9.81m/s²。

泵站供水总能量 E 由三部分构成：

（1）保证最小服务水头所需的能量 E_1

$$E_1 = \sum_{i=1}^{4} \rho g (Z_i + H_i) q_i$$

$$= \rho g (Z_1 + H_1) q_1 + \rho g (Z_2 + H_2) q_2 + \rho g (Z_3 + H_3) q_3 + \rho g (Z_4 + H_4) q_4 \qquad (8-4)$$

（2）克服水管摩阻所需的能量 E_2

$$E_2 = \sum_{i=1}^{4} \rho g q_{ij} h_{ij} = \rho g q_{1-2} h_{1-2} + \rho g q_{2-3} h_{2-3} + \rho g q_{3-4} h_{3-4} + \rho g q_{4-5} h_{4-5} \tag{8-5}$$

（3）未利用的能量 E_3，即由于各用水点的水压过剩而浪费的能量

$$E_3 = \sum_{i=1}^{4} \rho g q_i \Delta H_i$$

$$= \rho g (Z_1 + H_1 + h_{1-2} - Z_2 - H_2) q_2 + \rho g (Z_1 + H_1 + h_{1-2} + h_{2-3} - Z_3 - H_3) q_3 +$$
$$\rho g (Z_1 + H_1 + h_{1-2} + h_{2-3} + h_{3-4} - Z_4 - H_4) q_4 \tag{8-6}$$

式中　ΔH_i——过剩压力。

单位时间内水泵的总能量等于这三部分能量之和：

$$E = E_1 + E_2 + E_3 \tag{8-7}$$

在总能量中，只有保证最小服务水头的第一部分能量 E_1 得到了有效的利用。由于给水系统设计时，泵站流量和控制点水压 $Z_i + H_i$ 已定，所以 E_1 不能减小。

第二部分能量 E_2 消耗于输水过程不可避免的水头损失。为了降低这部分能量，需减小水头损失 h_{ij}，可通过适当的放大管径来实现，但这并不是一种经济的、根本的解决办法。

第三部分能量 E_3 是浪费的能量，这是未分区的统一给水无法避免的问题，因为泵站必须将全部流量按控制点所需的水压进行输送。

统一给水系统中，供水能量利用的程度，可用必须消耗的能量占总能量的比例来表示，称为能量利用率，表示为：

$$\Phi = \frac{E_1 + E_2}{E} = 1 - \frac{E_3}{E} \tag{8-8}$$

由式（8-8）可见，为了提高输水能量利用率，只能设法降低 E_3，这就是从经济上考虑管网分区的根本原因。

图 8-4 所示的输水管分区时，为了确定分区界线和各区泵站的位置，可绘制能量分配图，如图 8-5 所示。

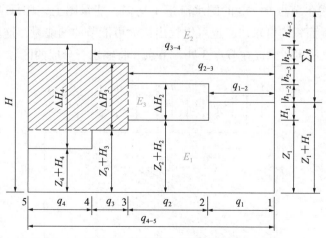

图 8-5　泵站供水能量分配图

能量分配图的绘制方法如下：

首先，将节点流量 q_1、q_2、q_3、q_4 等值顺序按比例绘制在横坐标上。各管段流量可由节点流量求出，如，管段 3-4 的流量：$q_{3-4} = q_1 + q_2 + q_3$；再如，泵站的供水量，即管段 4-5 的流量：$q_{4-5} = q_1 + q_2 + q_3 + q_4$。纵坐标上按比例绘出各节点的地面标高 Z_i 和所需最小服务水头 H_i。

按照 E_1 的计算方法 $(Z_i + H_i) q_i$，可得到若干以 q_i 为底、$Z_i + H_i$ 为高的矩形面积：$(Z_1 + H_1) q_1$，$(Z_2 + H_2) q_2$，$(Z_3 + H_3) q_3$，$(Z_4 + H_4) q_4$，各部分面积的总和等于保证最小服务水头所需的能量，即图 8-5 中的 E_1 部分。

在纵坐标上再按比例绘出各管段的水头损失：h_{1-2}、h_{2-3}、h_{3-4}、h_{4-5}，纵坐标总高度 H，为泵站（节点 5）的扬程：$H = H_1 + Z_1 + \sum h_{ij}$。

按照 E_2 的计算方法，$q_{ij} h_{ij}$，会得到若干以 q_{ij} 为底、h_{ij} 为高的矩形面积：$q_{1-2} h_{1-2}$，$q_{2-3} h_{2-3}$，$q_{3-4} h_{3-4}$，$q_{4-5} h_{4-5}$，各部分面积的总和等于克服水管摩阻所需的能量，即图 8-5 中的 E_2 部分。

由于泵站总能量 $E = q_{4-5} H$，即大正方形的面积，且 $E = E_1 + E_2 + E_3$，因此，除了 E_1 和 E_2 外，剩余部分面积就是无法利用而浪费的能量 E_3，如图 8-5 所示。

我们也可以用面积加和的方法来计算 E_3，按照 E_3 的计算方法，$\Delta H_i q_i$，$\Delta H_2 = Z_1 + H_1 + h_{1-2} - Z_2 - H_2$，$\Delta H_3 = Z_1 + H_1 + h_{1-2} + h_{2-3} - Z_3 - H_3$，$\Delta H_4 = Z_1 + H_1 + h_{1-2} + h_{2-3} + h_{3-4} - Z_4 - H_4$，$\Delta H_2 q_2$、$\Delta H_3 q_3$、$\Delta H_4 q_4$ 表示各部分面积，则 E_3 等于以 q_i 为底、过剩水压 ΔH_i 为高的矩形面积之和，即图 8-5 中的 E_3 部分。

假定在图 8-5 中节点 3 处设加压泵站，将输水管分成两区，则泵站 5 的扬程只需满足节点 3 处的最小服务水头即可，因此，会比未分区时的扬程降低。此时，过剩水压 ΔH_3 消失，ΔH_4 减小，阴影部分面积为：节点 3 设加压泵站后减小的面积，即给水系统减小的未利用的能量：

$$(Z_1 + H_1 + h_{1-2} + h_{2-3} - Z_3 - H_3)(q_3 + q_4) = \Delta H_3 (q_3 + q_4) \qquad (8-9)$$

输水管中的很多节点都可以增设加压泵站，如图 8-6 所示，为位于平地上的输水管线能量分配图，沿线各节点 0~13 的配水流量不均匀，能量图上，在每个节点设加压泵站后，所节约的能量面积均可求出，也可以找出最大可能节约的能量，这里是 $0AB3$ 矩形面积，因此，加压泵站可考虑设在节点 3 处，节点 3 将输水管分成两区。

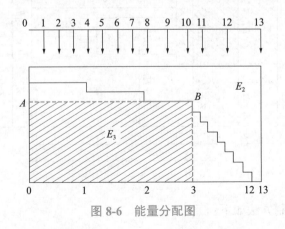

图 8-6　能量分配图

以上是输水管沿线有流量流出，管径和流量有变化的情况。当一条输水管的管径不变、流量相同，即沿线无流量流出时，分区后非但不能降低能量费用，甚至基建和设备等项费用反而增加，管理也趋于复杂。这时只有在输水距离远、管内的水压过高时，才考虑分区。长距离输水管是否分区，分区后设多少泵站等问题，须通过方案的技术经济比较才可确定。

8.2.2　管网供水能量分析

我们再来看管网的供水能量分析。如图 8-7 所示的给水管网，假定给水区地形从泵站起均匀升高，全区用水量均匀，要求的最小服务水头相同，设管网的总水头损失为 $\sum h$，泵站吸水井水面和控制点地面高差为 ΔZ。

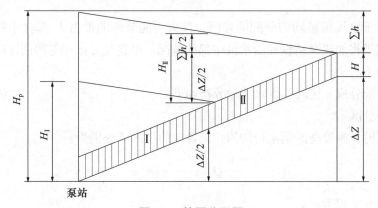

图 8-7　管网分区图

未分区时，泵站的流量为 Q，水泵扬程 H_p 为：

$$H_p = \Delta Z + H + \sum h \tag{8-10}$$

若等分成两区，第 I 区的水泵扬程为：

$$H_I = \frac{\Delta Z}{2} + H + \frac{\sum h}{2} \tag{8-11}$$

如果第 I 区所需最小服务水头 H 与泵站总扬程 H_p 相比极小，则 H 可以略去不计，H_I 变为：

$$H_I = \frac{\Delta Z}{2} + \frac{\sum h}{2} \tag{8-12}$$

第 II 区泵站能利用低区水压 H_I 时，第 II 区的泵站扬程 H_{II} 为：

$$H_{II} = \frac{\Delta Z}{2} + \frac{\sum h}{2} \tag{8-13}$$

所以，等分成两区后，所节约的能量为：

$$\frac{Q}{2}\left(\frac{\Delta Z + H + \sum h}{2}\right)$$

如图 8-8 中阴影部分矩形面积所示，比不分区最多可以节约 1/4 的供水能量。

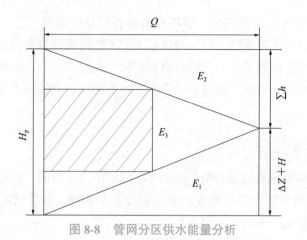

图 8-8 管网分区供水能量分析

可见，对于沿线流量均匀分配的管网，最大可能节约能量为 E_3 部分中的最大内接矩形面积，相当于将加压泵站设在给水区中部的情况。也就是分成相等的两区时，可使浪费的能量降到最小。

当给水系统分成 n 区时，供水能量分析如下：

（1）串联分区

串联分区时，假设全区用水量均匀，则各区的用水量分别为：

$$Q, \ \frac{n-1}{n}Q, \ \frac{n-2}{n}Q, \ \cdots, \ \frac{Q}{n}$$

各区的水泵扬程为：

$$\frac{H_p}{n}$$

分区后的供水能量为：

$$
\begin{aligned}
E_n &= Q\frac{H_p}{n} + \frac{n-1}{n}Q\frac{H_p}{n} + \frac{n-2}{n}Q\frac{H_p}{n} + \cdots + \frac{Q}{n}\frac{H_p}{n}\\
&= \frac{1}{n^2}[n + (n-1) + (n-2) + \cdots + 1]QH_p\\
&= \frac{1}{n^2}\frac{n(n+1)}{2}QH_p \qquad\qquad\qquad (8\text{-}14)\\
&= \frac{n+1}{2n}QH_p\\
&= \frac{n+1}{2n}E
\end{aligned}
$$

式中 E ——未分区时供水所需总能量，$E = QH_p$。

当等分成两区时，即 $n = 2$，代入式（8-14），得：$E_2 = \dfrac{3}{4}QH_p$，即较未分区时节约 1/4 的能量。

分区数越多，能量节约越多，但最多只能节约 1/2 的能量，是当 n 趋近于无穷大的时候。

（2）并联分区

并联分区时，各区的流量为 $\dfrac{Q}{n}$，各区的泵站扬程分别为：H_p，$\dfrac{n-1}{n}H_p$，$\dfrac{n-2}{n}H_p$，…，$\dfrac{H_p}{n}$。

分区后的供水能量为：

$$E_n = \frac{Q}{n}H_p + \frac{Q}{n}\frac{n-1}{n}H_p + \frac{Q}{n}\frac{n-2}{n}H_p + \cdots + \frac{Q}{n}\frac{H_p}{n}$$

$$= \frac{1}{n^2}[n+(n-1)+(n-2)+\cdots+1]QH_p$$

$$= \frac{n+1}{2n}E \tag{8-15}$$

与串联分区得到的式子一致，当等分成两区时，节约 1/4 的能量，当 n 趋近于无穷大的时候，最多节约 1/2 的能量。

可见，无论串联还是并联，分区后所节省的供水能量相同。

8.3　分区给水形式的选择

串联或并联分区所节约的能量相近，但分区后会增加基建投资，并使管理更加复杂，并联分区增加了输水管的长度，串联分区增加了泵站，因此，两种布置方式的造价和管理费用并不相同。判断给水系统是否分区，应通过技术经济比较来确定。如果所节约的能量费用多于所增加的造价，则可考虑分区给水。

当采用分区给水时，形式的选择是至关重要的。我们前面提过，并联分区的优点是：各区用水由同一级泵站供给，供水比较可靠，管理也比较方便，整个给水系统的工作情况较为简单，设计条件易与实际情况一致；串联分区的优点是：输水管长度较短，可用扬程较低的水泵和低压管。因此，在选择分区形式时，应考虑并联分区会增加输水管造价，串联分区增加了泵站的造价和管理费用。

在分区给水形式选择和设计时，城市地形是一个重要的影响因素。当城市狭长发展时，采用并联分区较好，因为这时增加的输水管长度不大，泵站又可以集中管理，如图 8-9（a）所示。相应地，当城市垂直于等高线方向延伸时，串联分区更为适宜，如图 8-9（b）所示。

水厂的位置也会影响分区的形式，如图 8-10（a）中，水厂靠近高区时，宜采用并联分区。水厂远离高区时，采用串联分区较好，以免到高区的输水管过长，如图 8-10（b）所示。

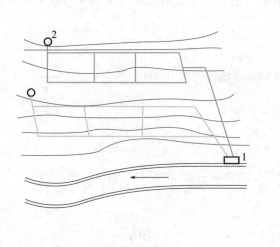
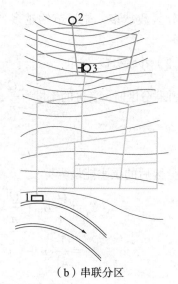

（a）并联分区 　　　　　　　　　　　　（b）串联分区

图 8-9　城市地形对分区形式的影响

1—取水构筑物和水处理构筑物；2—水塔或水池；3—高区泵站

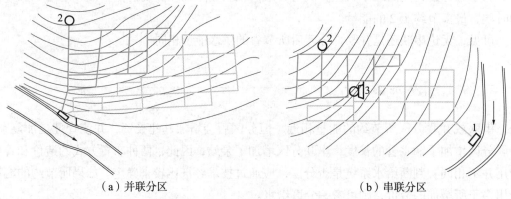

（a）并联分区 　　　　　　　　　　　　（b）串联分区

图 8-10　水厂位置对分区形式的影响

1—取水构筑物和水处理构筑物；2—水塔或水池；3—高区泵站

　　在分区给水系统中，可采用高地水池或水塔作为水量调节设备，水池标高应保证该区所需的水压。采用水塔或水池须通过方案比较后确定。由于管网、泵站和水池的造价不太受到分界线位置变动的影响，因此，一般按节约能量的多少来划定分区界线。在考虑是否分区以及选择分区形式时，应根据地形、水源位置、用水量分布等具体条件，拟定若干方案，进行比较。

课后题

一、单选题

1. 分区形式须考虑城市地形和城市发展的因素，当城市狭长发展，地形高差较大，可采用（　　），因增加的输水管长度不多，高、低两区的泵站又可以集中管理。

A. 串联分区
B. 并联分区
C. 竖向分区
D. 平行分区

2. 城市垂直于地形等高线方向延伸时，（　　）更为适宜。

A. 串联分区
B. 并联分区
C. 竖向分区
D. 平行分区

3. 在给水区面积很大、地形高差显著或远距离输水时，可考虑分区供水。分区供水可分为并联分区和串联分区两种基本形式，下列说法正确的是（　　）。

A. 并联分区供水安全、可靠，且水泵集中，管理方便
B. 并联分区供水安全、可靠，且管网造价较低
C. 串联分区供水安全、可靠，且管网造价较低
D. 串联分区供水安全、可靠，且水泵集中，管理方便

4. 水泵加压输水和配水，其管道系统经适当分区可减少供水能量费用。这是通过提高供水能量利用率，即减少（　　）实现的。

A. 有效利用的能量
B. 消耗的能量
C. 未被利用的能量
D. 供水总能量

5. 配水管网分区供水能量理论分析的结论是（　　）。

A. 串、并联分区节约的能量相同
B. 串、并联分区节约的能量不相同
C. 串联分区节约的能量大于并联分区
D. 并联分区节约的能量大于串联分区

6. 配水管网分区方案的确定，应考虑（　　）。

A. 节约能量最大的方案
B. 节约的能量等于增加的投资方案
C. 节约的能量大于增加的投资方案
D. 节约的能量大于增加的费用方案

二、多选题

下列关于分区给水系统的叙述，正确的有（　　）。

A. 输水管一般在输水距离远、管内水压过高时，才考虑分区
B. 管网采用并联分区时，分区越多，但最多只能节省一半的能量
C. 管网采用串联分区时，分区越多，但最多只能节省一半的能量
D. 采取两种分区形式的造价和管理费用不同，并联分区输水管长度大，串联分区泵站多

三、思考题

1. 什么是分区给水？为什么要采用分区给水？
2. 分区给水有哪些基本形式？
3. 泵站供水时所需的能量由几部分组成？分区给水后可以节约哪部分能量，哪些能量不能节约？
4. 给水系统分成两区时，较未分区系统最多可节约多少能量？
5. 输水管全长的流量不变时，能否用分区给水方式降低能量？

第 8 章
课后题
答案

第 9 章
给水管材及附属设施

　　给水管网系统是给水工程中投资最大的部分，也是事故多发部分，给水管网管材及附属设施的选用对工程质量、供水的安全可靠性及维护管理均有很大影响，因此，必须重视和了解管材及附属设施的种类、性能、规格、使用经验、价格和供应情况等，合理选择，并做出正确的设计。

　　给水管网管材及附属设施的选择、设计和运维可参考《给水排水设计手册》《室外给水设计标准》GB 50013、《给水排水标准图集》《城镇供水管网运行、维护及安全技术规程》《生活饮用水输配水设备及防护材料的安全性评价标准》GB/T 17219 等有关规定。

9.1 给水管材

9.1.1 给水管材的基本要求

给水管材的选用应根据管径、内压、外部荷载和管道敷设区的地形、地质、管材的供应，按照运行安全、耐久、减少漏损、施工和维护方便、经济合理以及清水管道防止二次污染等原则，综合分析确定。具体可考虑以下因素：

（1）要有足够的强度，能够承受要求的内压和外荷载。

（2）要具备良好的密闭性能。若管线的密闭性能差而经常漏水，会增加管理费用，同时，管网漏水严重时会冲刷地层而出现严重事故。

（3）要具有良好的化学稳定性。水从水厂到用户的输送过程中，往往需要几个小时乃至几十个小时，因此，管道内壁既要耐腐蚀，又不能向水中析出有害物质。

（4）具备良好的水力条件。给水管道内壁不结垢、光滑、管路畅通，才能降低水头损失，确保服务水头。

（5）管道应施工安装容易，维护方便。

（6）尽量节省建设投资。给水管网的建设费用通常占给水系统建设费用的50%～70%，因此应通过技术经济分析确定给水管网的建设规模，合理选用管材及设备是管网合理运行的基础。

（7）应具有较高的防止水和土壤的侵蚀能力，管道应具有较长使用寿命，如50～100年。

（8）管材来源有保证，管件配套方便，运输费用低。

（9）在有防震要求的城市应考虑采用柔性接口以及选用延伸率好、强度高、抗腐蚀能力强的管材。

9.1.2 给水管材的类别及特点

常用的给水管材可分为金属管材和非金属管材两大类。常用的金属管材包括：铸铁管和钢管。常用的非金属管材包括：自应力钢筋混凝土管、预应力钢筋混凝土管、玻璃钢管，以及塑料管等。

1. 铸铁管

铸铁管按材质可分为灰铸铁管和离心球墨铸铁管。

（1）灰铸铁管

灰铸铁管也称连续铸铁管，具有较强的耐腐蚀性。但由于连续铸管工艺的缺陷，灰铸铁管质地较脆，抗冲击和抗振能力较差，质量较大，且经常发生接口漏水、水管断裂和爆管事故。

（2）离心球墨铸铁管

球墨铸铁管耐压力高，强度是灰铸铁管的多倍；耐腐蚀，抗腐蚀性能远高于钢管；质量比灰铸铁管轻；此外，球墨铸铁管使用寿命长，施工安装方便，接口的水密性好，有适应地基变形的能力，抗震效果也好。所以，球墨铸铁管是我国城市供水管道工程中的推荐使用管材。

2. 钢管

钢管主要分为无缝钢管和焊接钢管两种。

钢管耐高压，韧性好，耐振动，漏水少，管壁薄，质量较轻，运输方便，管身长，接口方便。但钢管耐腐蚀性能差，同时承受外荷载的稳定性差，所以管壁的内外都需要设防腐措施，并且造价较高。在给水管网中，钢管通常只在管径大和水压高处以及因地质地形条件限制或穿越铁路、河谷和地震地区时使用。

3. 预应力钢筋混凝土管

预应力钢筋混凝土管分普通型和加钢套筒型两种。

（1）普通预应力钢筋混凝土管

普通预应力钢筋混凝土管造价低，抗振性能强，管壁光滑，水力条件好，耐腐蚀，爆管率低。但重量大，运输、安装、就位不方便，在设置阀门、弯管、排气、放水等装置处，须采用钢管配件，通常用于大口径管道。目前仍是城市供水工程中用量较大的管材。

（2）预应力钢筒混凝土管（PCCP 管）

预应力钢筒混凝土管是当前世界上使用非常广泛的一种非金属管材，是由钢板、预应力钢丝和混凝土构成的复合管材，此种管材充分而又综合地发挥了钢材的抗拉、易密封性及混凝土的抗压和耐腐蚀性的优点。这种管材的综合造价与球墨管接近，故多用于球墨管直径达不到的大管径输水线上，口径一般为 $DN1200 \sim DN4000$。

4. 玻璃钢管（简称 RPM 管）

玻璃钢管是一种新型的非金属材料，以玻璃纤维和环氧树脂为基本原料预制而成。因此，玻璃钢管耐腐蚀，内壁光滑，强度高，重量轻，便于运输和施工。适用于强腐蚀性的土壤，我国大多用于 $DN600 \sim DN2400$ 大中口径管道。

玻璃钢管从水力、水质条件上讲与塑料管相似，其耐老化性能、管材本体的强度等不如球墨铸铁管。其接口采用承插式胶圈柔口，使抗震性能大大提高。玻璃钢管的缺点是生产工艺复杂、价格较高，几乎和钢管相接近；管壁薄，属于柔性管道，对基础和回填要求较高。

5. 塑料管

塑料管的种类很多，有硬聚氯乙烯管 PVC-U，聚乙烯管 PE，聚丙烯管 PP，聚丁烯管 PB 等。同时还有一些改性管道，如交联聚乙烯管（PE-X）、无规共聚聚丙烯管（PP-R）等。

塑料管的优点是：制造能耗低，内表面光滑，水力条件好，不生锈不结构，水质卫生，没有管道的二次污染，重量轻，加工和接口方便，安装劳动强度低，施工费用低。缺点是：强度低，对于基础及回填土要求较高，膨胀系数较大，长距离管道需要考虑温度补偿措施，抗紫外线能力较弱。所以，塑料管多用于 $DN300$ 以下的小口径管段的供水。

部分常用管材如图 9-1 所示。

（a）灰铸铁管

（b）离心球墨铸铁管

（c）无缝钢管

（d）焊接钢管

（e）预应力钢筋混凝土管

（f）预应力钢筒混凝土管（PCCP管）

（g）玻璃钢管

（h）硬聚氯乙烯管 PVC-U

（i）聚乙烯管 PE

图 9-1　常用管材

图 9-1
彩图

　　管材的选择取决于承受的水压、输送的水量、外部荷载、埋管条件、供应情况、价格等因素。根据各种管材的特性，其大致适用性如下：

　　（1）长距离、大水量输水系统，若压力较低，可选用预应力钢筋混凝土管；若压力较高，可采用预应力钢筒混凝土管和玻璃钢管；

　　（2）城市输配水管道系统，可采用球墨铸铁管或玻璃钢管；

　　（3）建筑小区及街坊内部应优先考虑采用塑料管；

　　（4）穿越障碍物等特殊地段时，可考虑采用钢管。

9.2　给水管网配件和附件

9.2.1　给水管网配件

　　在管线转弯、分支、直径变化处及连接其他附属设备处，需采用标准配件。

1. 三通或四通

　　承接分支管用三通或四通，也叫丁字管或十字管。按照分支管径的不同，可以分为等

径三通、四通管，异径三通、四通管。按照分支角度不同，又可以分为 90°的
正三通，45° 斜三通、正四通、斜四通等。如图 9-2 所示是几种常见的三通、
四通管。

图 9-2
彩图

（a）等径三通管　　（b）等径三通管　　（c）异径三通管　　（d）等径四通管　　（e）异径四通管
（球墨铸铁管）　　　（PE 管）　　　　　（PVC-U 管）　　　　（PVC-U 管）　　　　（球墨铸铁管）

图 9-2　常用三通、四通

2. 弯管

管道转弯处采用各种角度的弯管，又称弯头。按照弯转角度不同，可以
分成 90° 弯管、45° 弯管、22.5° 弯管等。各种弯管所用的材料接口的方式、
弯转角度不同，规格也不同。图 9-3 所示是几种常见的弯头。

图 9-3
彩图

（a）90° 弯头　　　　（b）90° 弯头　　　　（c）90° 弯头　　　　（d）45° 弯头
（球墨铸铁管）　　　　（钢管）　　　　　　（PVC-U 管）　　　　（球墨铸铁管）

图 9-3　常见弯头

3. 异径管

变换管径处采用异径管，也叫大小头。按照管径变化的情况，可以分为
渐缩管和渐扩管，按照不同的加工形式又可以分为同心异径管，偏心异径管
等。图 9-4 所示是几种常见的异径管。

图 9-4
彩图

（a）双承异径管　　　（b）双盘异径管　　　（c）双插异径管　　　（d）双承异径管
（球墨铸铁）　　　　　（不锈钢）　　　　　　（PE）　　　　　　　（ABS 树脂管）

图 9-4　常见异径管

4. 短管

改变接口形式采用短管，如连接法兰式和承插式，铸铁管处用承盘短管；图 9-5 所示是几种常见的短管。

（a）插盘短管　　　　（b）承盘短管　　　　（c）双盘短管

图 9-5　常见短管

还有检修管线时用的配件，接消火栓用的配件等。钢管安装的管线配件多采用钢板焊接而成；非金属管，如预应力混凝土管，采用特制的铸铁配件或钢制配件；塑料管配件则用现有的塑料产品或现场焊制。

9.2.2　给水管网附件

给水管网除了管道外，还应设置各种必要的附件，以保证管网的正常运行。管网的附件主要有调节流量用的阀门、供应消防用水的消火栓，还有控制水流方向的单向阀、安装在管线高处的排气阀和安全阀等。

1. 阀门

阀门的作用我们刚刚提到了，是用来调节管道内水量和水压的。阀门一般用法兰连接，通常安装在管线分支处，或在较长的管线上，或在穿越障碍物的时候，主要管线和次要管线交接处的阀门常设在次要管线上。因为阀门的阻力大，价格昂贵，所以安装阀门的数量，应在保持调节灵活的前提下，尽可能少。

给水用的阀门包括闸阀和蝶阀。

（1）闸阀

闸阀是给水管上最常见的阀门。闸阀由闸壳内的闸板上下移动来控制或截断水流。根据阀内的闸板形式分楔式和平行式两种。根据阀门使用时阀杆是否上下移动，可分为明杆和暗杆两种。明杆是阀门启闭时阀杆随着升降，因此，易于掌握阀门的启闭程度，适宜于安装在泵站内，暗杆适用于安装和操作受到限制之处，否则当阀门开启时，因为阀杆的上升会妨碍工作。输配水管道上的闸阀采用暗杆为宜，一般采用手动操作。常见闸阀如图 9-6 所示。

大口径的阀门，在手工开启或关闭时，很费时间，劳动强度也大，所以直径较大的阀门有齿轮传动装置，并在闸板两侧接以旁通阀，以减小水压差，便于启闭。开启阀门时先开旁通阀，关闭阀门时，则后关旁通阀。或者应用电动阀门以便于启闭。安装在长距离输水管线上的电动阀门，应限定开启和闭合的时间，以免因启闭过快而出现水锤现象使水管损坏。

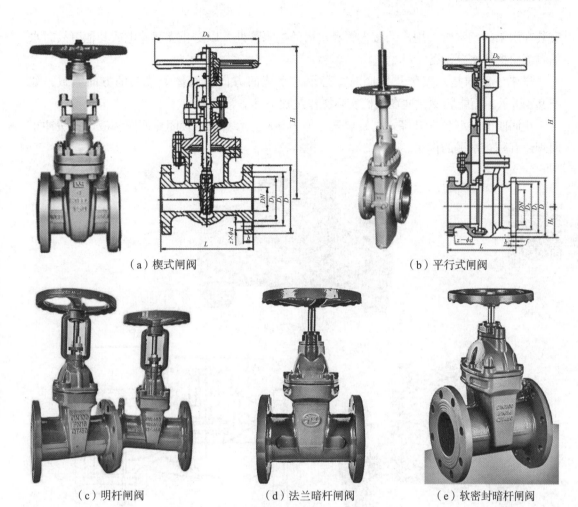

（a）楔式闸阀　　　　　　　　　　　　　　　（b）平行式闸阀

（c）明杆闸阀　　　　　　　（d）法兰暗杆闸阀　　　　　　　（e）软密封暗杆闸阀

图 9-6　常见闸阀

（2）蝶阀

蝶阀的作用和一般阀门相同，但结构简单，开启方便，旋转 90° 就可全开或全关，因价格同闸阀接近，目前应用比较广泛。常见蝶阀如图 9-7 所示。

蝶阀是由阀体内的阀板在阀杆作用下旋转来控制和截断水流的。蝶阀外形尺寸小于闸阀，结构简单，重量轻，体积小，开启迅速，可以在任意位置进行安装。但闸板全开时将占据上下游管道的位置，因此，不能紧贴楔式和平行式阀门旁安装。由于密封结构和材料的限制，蝶阀只用在中、低压管线上，如水处理构筑物和泵站内。

图 9-6 彩图

图 9-7 彩图

图 9-7　常见蝶阀

2. 止回阀

止回阀，又称逆止阀、单向阀，是限制压力管道中的水流朝一个方向流动的阀门。阀门的闸板可绕轴旋转。水流方向相反时，闸板因自重和水压作用而自动关闭。止回阀一般安装在水泵的出水管，用户的接入管和水塔的进水管处，以防止突然停电或其他事故时水的倒流而损坏水泵设备。

需要注意的是，安装止回阀时，必须是水流的方向与阀体上箭头的方向一致，如图9-8所示，不能装反，这在我们实际操作过程中是非常重要的。

止回阀的类型包括升降式、旋启式，如图9-8所示。微阻缓闭止回阀和液压式缓冲止回阀还有防止水锤的作用。

图9-8
彩图

（a）安装方向

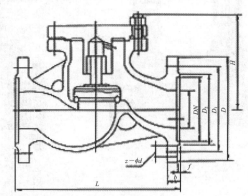

（b）升降式止回阀

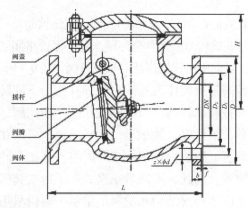

（c）旋启式止回阀

图9-8　止回阀

升降式止回阀工作的时候，水流从左边进来，在水压的作用下，向上推开阀杆，出口打开，水从右边流走，当水流出现逆流时，在重力和水压的作用下，阀杆向下关闭出口阻止水发生倒流。

旋启式止回阀有阀板可以绕旋转轴进行旋转，水流从左边进来推开阀板就可以从右侧流出。当水流出现倒流时，在阀板重力作用下以及水压作用下阀板关闭阻止水倒流。

3. 排气阀和泄水阀

（1）排气阀

排气阀安装在管线的隆起部分，在管线投产时或检修后通水时，可用来排出管线内的空气。在平时，用以排除从水中释放出的气体，以免空气积在管中，以致减少过水断面积和增加管线的水头损失。管线损坏需放空检修时，可自动进入空气保持排水通畅。产生水锤时可使空气自动进入，避免产生负压。

长距离输水管一般随地形起伏敷设，在高处设排气阀。依据《给水排水设计手册》《室外给水设计标准》GB 50013 等，管线布置平缓时，一般间隔 1000m 左右，设一处排气阀，排气阀必须垂直安装在水平管线上。排气阀适用于工作压力小于 1.0MPa 的工作管道，排气阀前必须要设置检修阀门，排气阀可单独放在阀门井内，也可与其他管道配件合用一个阀门井。排气阀须定期检修，经常维护，使排气灵活。在冰冻地区应有适当的保温措施。

图 9-9 所示为自动排气阀。水流经过自动排气阀，水气会进入到阀腔中，阀腔中有浮球。如果气体比较少，阀腔中的水位比较高，会将浮球浮起，这个时候，排气孔是关闭的。随着阀腔中的气体逐渐增多，气压逐渐增大，阀腔中的水位逐渐下降，浮球随之下降，排气孔打开。这时气体就会排除。当气体排出以后，水面重新上升，浮球重新将排气孔关闭。

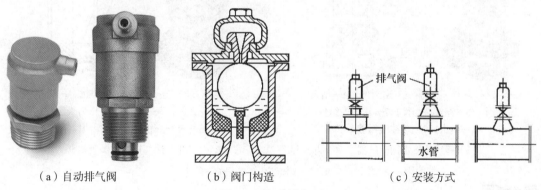

（a）自动排气阀　　　　（b）阀门构造　　　　（c）安装方式

图 9-9　自动排气阀

（2）泄水阀

图 9-9
彩图

在管线最低处和两阀门之间的低处，应安装泄水阀。泄水阀与排水管相连接，用来在检修时放空管内存水或平时用来排除管内的沉淀物。泄水阀和排水管的直径由放空时间决定，放空时间可按一定工作水头下孔口出流公式计算。由管线放出的水可直接排入水体或沟管，或排入泄水井内，再用水泵排除。为加速排水，可根据需要同时安装进气管或进气阀。

4. 水锤消除器

在高层建筑物或长距离输送液体的管道中，当阀门突然开启或关闭，或水泵骤然停止等情况时，水流冲击管道会产生严重水击，这是水锤效应。水锤消除器在无需阻止流体流动的情况下，就能够有效地消除各类流体在传输过程中可能产生的水锤，从而消除具有破坏性的冲击波，起到对管道的保护作用。

水锤消除器一般安装在止回阀下游，距止回阀越近越好。常用的水锤消除器有下开式水锤消除器和自动复位式水锤消除器两种。在高扬程的供水工程的出水管上，如有发生水锤现象的可能，需考虑安装水锤消除器，消除水锤破坏。

图 9-10 所示是活塞式水锤消除器。在它的内部有一个密闭的容器腔，下端是活塞，当冲击波传入水锤消除器时，冲击波作用于活塞，活塞向容器腔方向运动，活塞运动的形成与容器腔内的气体的压力、冲击波的大小有关。活塞在一定压力的气体和不规则水击的双重作用下做上下运动，形成一个动态的平衡，这样就有效地消除了不规则的冲击波振荡，水锤现象也随之缓和。

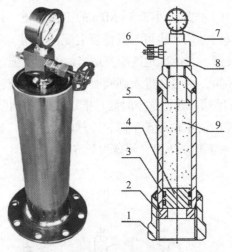

1—连接螺母；2—挡圈；3—密封圈；4—活塞；
5—壳体；6—充气塞组件；7—压力表组件；
8—封头；9—缓冲气压腔

（a）螺纹连接水锤吸纳器

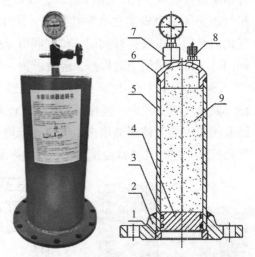

1—挡圈；2—连接法兰；3—密封圈；4—活塞；
5—壳体；6—封头；7—压力表组件；
8—充气塞组件；9—缓冲气压腔

（b）法兰连接水锤吸纳器

图 9-10　活塞式水锤消除器

图 9-10
彩图

5. 消火栓

给水管道上设立的消火栓，是发生火灾时，向火场供水的带有阀门的标准接口消火栓分室内消火栓和室外消火栓，室外消火栓有双出口和三出口两种形式。室外消火栓又分为地上式和地下式两种，如图 9-11 所示。

地上式消火栓的优点是：部分露出地面，目标明显，易于寻找，出水操作方便。缺点是：容易冻结，易损坏，所以适用于气温较高的地区。

地下式消火栓的优缺点与地上式刚好相反，地下式消火栓隐蔽性强，不影响城市美观，受破坏的情况少，可以防冻，适用于较寒冷的地区，但是：目标不明显，寻找操作和维修时都不方便，而且容易被建筑和停放的车辆埋、占、压。所以要求在地下消火栓旁设立明显的标志。

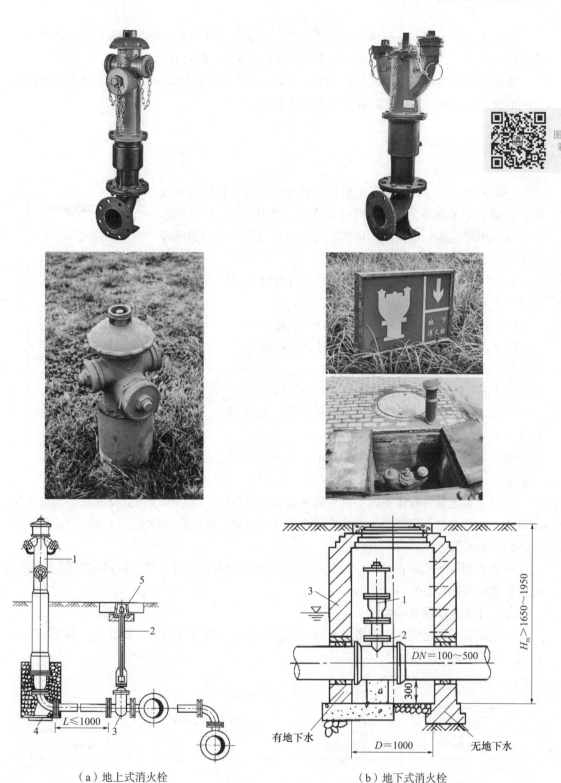

图 9-11
彩图

（a）地上式消火栓

1—SS100 地上式消火栓；2—阀杆；
3—阀门；4—弯头支座；5—阀门套筒

（b）地下式消火栓

1—SX100 消火栓；2—消火栓三通；
3—阀门井

图 9-11　消火栓

地上式的消火栓，一般布置在交叉路口，消防车可以驶近的地方，地下室的消火栓安装在阀门井内。其安装情况如下。每个消火栓的流量为 10～15L/s。

室外管网消火栓间距不应超过 120m，接管直径不小于 100mm，配水管网上两个阀门之间的独立管段内，消火栓的数量不宜超过 5 个。

9.3 给水管道敷设

一般情况，给水管道应尽量敷设于地下，只有在特殊需要及特殊情况下才考虑明设。在管网密集地区，也可设置在综合地沟内。基岩出露或覆盖层很浅的地区，可明设或浅沟埋设，但需考虑保温防冻和其他安全措施。

图 9-12 管道埋深及覆土深度

1. 给水管道多数埋设在道路下，管道的埋设深度可以用如图 9-12 所示的两种方法表示：

（1）覆土厚度：管道外壁顶部到地面的距离；

（2）埋设深度：管道内壁底部到地面的距离。

2. 管道埋深的一般要求包括：

（1）非冰冻地区的管道埋深

非冰冻地区的管道埋深主要由外部荷载、管材强度、与其他管线交叉情况及土壤地基等因素决定。

金属管道的管顶覆土厚度通常不小于 0.7m，当管道强度足够或者采取相应措施时，也可小于 0.7m。

为保证非金属管管体不因动荷载的冲击而降低强度，应根据选用管材材质适当加大覆土厚度。非金属管的管顶覆土厚度应不小于 1～1.2m，覆土必须夯实，以免受到动荷载的作用而影响水管强度。

对于大型管道应根据地下水位情况进行管道放空时的抗浮计算，以确定其覆土厚度，确保管道的整体稳定性。

（2）冰冻地区的管道埋深

冰冻地区的管道埋深还要考虑土壤的冰冻线深度，应通过热力计算确定。当无实际资料时，可参照表 9-1。

管底在冰冻线以下的距离（mm） 表 9-1

管径	$DN \leqslant 300$	$300 < DN \leqslant 600$	$DN > 600$
管底埋深	$DN + 200$	$0.75DN$	$0.50DN$

管底应有适当的基础，管道基础的作用是：防止管底只支在几个点上，甚至整个管段下沉，这些情况都会引起管道破裂，根据原状土情况，常用的基础有三种，天然基础、砂基础和混凝土基础，如图 9-13 所示。

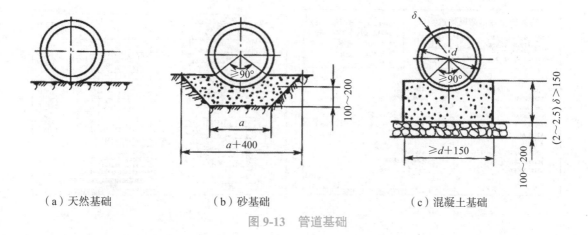

（a）天然基础　　　　　　（b）砂基础　　　　　　　（c）混凝土基础

图 9-13　管道基础

管道基础设置的相关要求如下：

在土壤耐压力较高和地下水位较低处，水管可直接埋在管沟中未扰动的天然地基上。

一般情况下，铸铁管、钢管、承插式钢筋混凝土管可以不设基础。

在岩石或半岩石地基处，管底应垫砂铺平夯实，砂垫层厚度，金属管至少为 100mm，非金属管道不小于 150～200mm。

在土壤松软的地基处，管底应有一定强度的混凝土基础。

如遇流砂或通过沼泽地带，承载能力达不到设计要求时，需进行基础处理，根据一些地区的施工经验，可采用各种桩基础。

在粉砂、细砂地层中或天然淤泥层土壤中埋管，同时地下水位又高时，应在埋管时排水，降低地下水位或选择地下水位低的季节施工，以防止流沙，影响施工质量。这时，管道基础土壤应该加固，可采用换土法，即挖掉淤泥层，填入砂砾石、砂或干土夯实；或填块石法，即施工时一面挖土，一面抛入块石到发生流沙的土层中，厚度约为 0.3～0.6m，块石间的缝隙较大，可填入砂砾，或在流沙层上铺草包和竹席，上面放块石加固，再做混凝土基础。

9.4　给水管网附属构筑物

在给水管网中，除了管网系统本身外，为了保证管网的正常运行与维护，还要设置各种附属构筑物。这些构筑物在管网中起着不同的作用，是给水管网中必不可少的部分。给水管网中常见的附属构筑物有阀门井、管道支墩、管线穿越障碍物等。

1. 阀门井

我们前面介绍了给水管网的各种阀门，有闸阀、止回阀、泄水阀、排气阀等，包括这些阀门在内的各种附件一般就应安装在阀门井内，阀门井就是为了进行阀门开关操作，或者是检修作业方便而设置的。图 9-14 所示为《给水排水标准图集：室外给水管道附属构筑物》（05S502）中，地面操作钢筋混凝土矩形立式闸阀井。

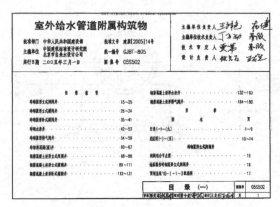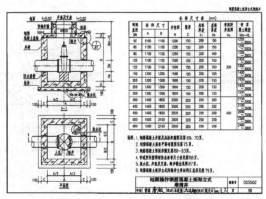

图 9-14　阀门井

为了降低造价，配件和附件应布置紧凑。阀门井的平面尺寸取决于水管直径以及附件的种类和数量，应该满足阀门操作和安装拆卸各种附件所需的最小尺寸。

阀门井的深度根据管道的埋设深度确定。但井底到水管承口或法兰盘底的距离至少为 0.1m，法兰盘和井壁的距离宜大于 0.15m，从承口外缘到井壁的距离应在 0.3m 以上，以便于接口施工。

阀门井一般用砖砌，也可用石砌或者用钢筋混凝土建造。

阀门井的形式，可依据所安装的附件类型、大小和路面材料来选定。如果直径较小、阀门位于人行道上，或简易路面以下，可采用阀门套筒，如图 9-15 所示，当直径比较大，就要用阀门井，如图 9-16 所示。此外，在寒冷地区，因阀杆易被渗漏的水冻住，影响开启，一般也不用阀门套筒。安装在道路下的大阀门，也可以采用阀门井。

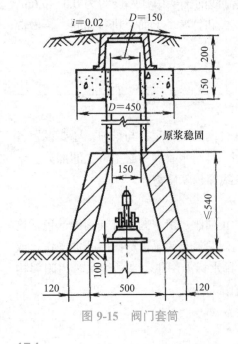

图 9-15　阀门套筒

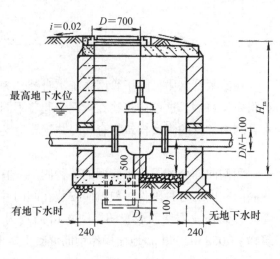

图 9-16　阀门井

地下水位比较高的阀门井，井底和井壁要保证不透水。在水管穿越井壁处，应该保持足够的水密性，阀门井应该有抗浮的稳定性。

阀门套筒的井口直径是 150mm，阀门井的入口口径是 700mm，可见，阀门井是可以进入工作人员进行检修操作的，而阀门套筒则不可以。

2. 管道支墩

在实际承插式接口的给水管道内，当水流流过弯管、三通、水管尽头的盖板上，以及缩管等处，必然会产生向外的离心力，当这个作用力超过接口所能承受的范围时，接口就可能会松动、脱节，管道就会漏水，因此，可以在这些位置设置支墩，来保证接口处的稳固，防止上述事故的发生。

如图 9-17 所示为《给水排水标准图集：市政给水管道工程及附属设施》（07MS101）中，支墩构造图及相关参数和支墩选用表。

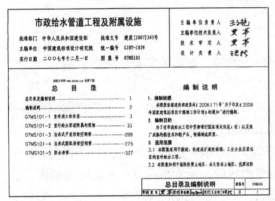
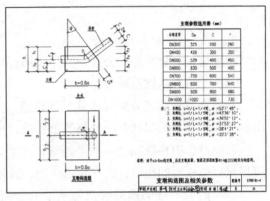

图 9-17　管道支墩

当接口本身足以承受水流的作用力时，可不设支墩。比如，当管径小于 300mm，或管道转弯角度小于 10°，且水压力不超过 980kPa 时。

从形式上来讲，在管道水平转弯处设侧面支墩，如图 9-18 所示；在垂直向下转弯处设弯管支墩；在垂直向上转弯处用拉筋将弯管和支墩连成一个整体。

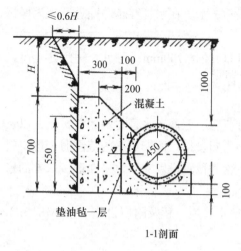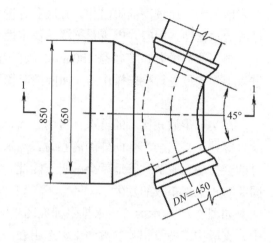

图 9-18　水平方向弯管支墩

3. 给水管道穿越障碍物

给水管道通过铁路、公路、河道和河谷等障碍物时，必须采取安全防护措施。

（1）管道穿越铁路或公路

管道穿越铁路或公路时，其穿越地点、方式和施工方法，应遵守有关铁道部门穿越铁路的技术规范。根据铁路或公路的重要性，可采取如下措施：

当穿越临时性铁路或一般公路或非主要路线，并且水管埋设较深时，可不设套管，但应尽量将铸铁管的接口，放在轨道中间，并用青铅接口，钢管则应有相应的防腐措施；

当穿越较重要的铁路或交通频繁的公路时，水管须放在钢筋混凝土套管内。套管直径根据施工方法定，大开挖施工时应比给水管直径大 300mm，顶管法施工时应比给水管直径大 600mm。套管应有一定的坡度以便排水。路的两侧应设检查井，内设阀门及支墩，并根据具体情况在低的一侧设泄水阀、排水管或集水坑，如图 9-19 所示。

图 9-19 原图

穿越铁路和公路时，水管管顶，设套管的时候就是套管管顶，应该在铁路路轨底或者是公路路面以下 1.2m 左右，以减轻动荷载对管道的冲击。管道穿越铁路时，两端应设检查井，井内设阀门或排水管等。

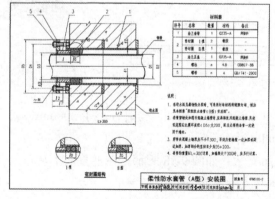

图 9-19　设套管穿越铁路的给水管（一）

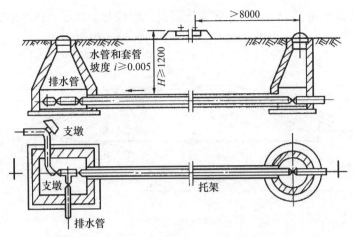

图 9-19　设套管穿越铁路的给水管（二）

（2）管道穿越河道或山谷

管线穿越河道或山谷时，应根据河道特性、通航情况、河岸地质地形条件、过河管材料、直径、施工条件等因素，选用适当的方式，通常可采用三种方式：利用现有桥梁架设给水管、敷设倒虹管、建造专用水管桥。

利用现有桥梁架设给水管：首先，可利用现有的桥梁来架设给水管，这是最为经济的一种方式，施工和检修也都比较方便，但要注意可能存在的振动和冰冻问题。通常，水管是架在桥梁的人行道下。

敷设倒虹管：若没有可直接利用的桥梁，可考虑设置倒虹管或架设管桥。倒虹管从河底穿越，比较隐蔽，不影响航运，但是施工和检修都不太方便。为保证安全供水，倒虹管一般设两条，两端应设阀门井，井内安装阀门、泄水阀和倒虹管的连通管，以便放空检修或冲洗倒虹管。阀门井顶部标高应保证洪水时不被淹没。倒虹管应在地质条件较好的时候选用，比如，河床及河岸不受冲刷或冲刷较小的时候。若河床地质条件不好，应做管道基础。倒虹管管顶在河床下的埋深，应根据水流冲刷情况确定，一般不小于 0.5m，但在航线范围内不小于 1.0m，同时满足抗浮要求。倒虹管管径可小于上游管道的直径，以便管内流速较大而不易沉淀泥沙，但当两条管道中一条发生事故，另一条管中流速不宜超过 2.5～3.0m/s。倒虹管一般用钢管并加强防腐措施。当管径小、距离短时可采用铸铁管，这时应使用柔性接口。管道埋设在通航河道时，应符合航运管理部门的技术规定，并应在河两岸设立标志。

建造专用水管桥：大口径的水管，由于质量大，架设在桥下有困难，或当地无现成的桥梁可利用时，可建造专用水管桥，架空跨越河道。管桥应有适当高度以免影响航线。架空管一般用钢管或铸铁管，为便于检修可用青铅接口，也可用承插式预应力钢筋混凝土管。在过河拱管的最高点，应该设置排气阀，并且在桥管两端应该设置伸缩接头，在冰冻地区应该有适当的防冻措施。

采用钢管过河时，本身也可以作为承重结构，称为拱管，如图 9-20 所示，施工方便，并且可以节省架桥所需的支撑材料。一般拱管的矢高和跨度比约为 1/8～1/6，常取 1/8。

拱管一般由每节长度为 1～1.5m 的短管焊接而成，焊接要求较高，以免吊装时拱管下垂或开裂。拱管在两岸有支座，以承受作用在拱管上的各种作用力。

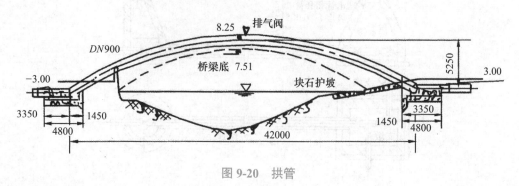

图 9-20　拱管

4. 调节构筑物

建于高地的水塔和水池等调节构筑物，既能调节流量，又可保证管网所需的水压。当城市或工业区靠山或有高地时，可根据地形建造高地水池。如城市附近缺乏高地，或因高地离给水区太远，以致建造高地水池不经济时，可建造水塔。在中小城镇和工矿企业等，通常建造水塔以保证水压。

（1）水塔

多数水塔采用钢筋混凝土或砖石等建造，但以钢筋混凝土水塔或砖支座的钢筋混凝土水柜用得较多。钢筋混凝土水塔的构造如图 9-21 所示，主要由水柜，或水箱、塔架、管道和基础组成。

水塔设计的相关要求如下：

进出水管可以合用，也可分别设置。进水管应设在水柜中心并伸到水柜的高水位附近，出水管可靠近柜底，以保证水柜内水的循环。

为防止水柜溢水和柜内存水放空，须设置溢水管和排水管，管径可和进、出水管相同。溢水管上不应设阀门。排水管从水柜底接出，管上设阀门，并接到溢水管上。

和水柜连接的水管上应安装伸缩接头，以便温度变化或水塔下沉时有适当的伸缩余地。

为观察水柜内的水位变化，应设浮标水位尺或电传水位计。水塔顶应有避雷设施。

水塔外露于大气中，应注意保温，防止裂开及漏水。根据当地气候条件，可采取不同的水柜保温措施：或在水柜壁上贴砌泡沫混凝土、膨胀珍珠岩等保温材料；或在水柜外贴砌一砖厚的空斗墙；或在水柜外再加保温外壳，内填保温材料。

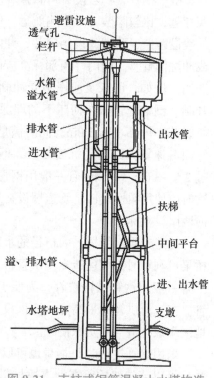

图 9-21　支柱式钢筋混凝土水塔构造

水柜常做成圆筒形，高度和直径之比约为 0.5～1.0。水柜不宜过高，因为水位变幅过大会增加水泵的扬程，动力消耗更高，且影响水泵效率。

有些工业企业，由于各车间要求的水压不同，可在同一水塔的不同高度放置水柜；或将水柜分成两格，以供应不同水质的水。

塔体用于支撑水柜，常用钢筋混凝土、砖石或钢材建成。近年来也常采用装配式和预应力钢筋混凝土水塔。装配式水塔可以节约模板用量。塔体形状有圆筒形和支柱式两种。

水塔基础可采用单独基础、条形基础和整体基础。

砖石水塔的造价比较低，但施工费时，自重较大，宜建于地质条件较好的地区。从就地取材的角度，砖石结构可与钢筋混凝土结合使用，即水柜用钢筋混凝土，塔体用砖石结构。

（2）水池

给水工程中，常用钢筋混凝土水池、预应力钢筋混凝土水池和砖石水池等，其中以钢筋混凝土水池使用最广，一般做成圆形或矩形，如图 9-22 所示。

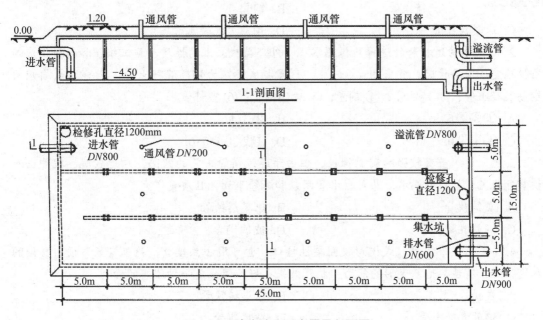

图 9-22　清水池平面布置及剖面图

水池设计的相关要求如下：

水池应有单独的进水管和出水管，安装位置应保证池内水流的循环。应有溢水管，管径和进水管相同，管端有喇叭口，管上不设阀门。水池的排水管接到集水坑内，管径一般按 2h 内将池水放空计算。容积在 1000m³ 以上的水池，至少应设 2 个检修孔。为使池内自然通风，应设若干通风孔，高出水池覆土面 0.7m 以上。池顶覆土厚度视当地平均室外气温而定，一般为 0.5～1.0m，气温低则覆土应厚些。当地下水位较高，水池埋深较大时，覆土厚度需按抗浮要求决定。为便于观测池内水位，可装置浮标水位尺或水位传示仪。

预应力钢筋混凝土水池可做成圆形或矩形，它的水密性高，大型水池可比钢筋混凝土水池节约造价。

装配式钢筋混凝土水池近年来也有采用。水池的梁、柱、板等构件事先预制，各构件拼装完毕后，外面再加钢箍，并加张力，接缝处喷涂砂浆以防漏水。

砖石水池的特点：可节约木材、钢筋、水泥，能就地取材，施工简便。

我国中南、西南地区，盛产砖石材料，尤其是丘陵地带，地质条件好，地下水位低，砖石施工的经验也丰富，更宜于建造砖石水池。但这种水池的抗拉、抗渗、抗冻性能差，所以不宜用于湿陷性的黄土地区、地下水位过高地区和严寒地区。

课后题

第9章
练一练
选择题
扫码做

一、单选题

1. 配水管道管材一般采用（　　　）、钢管、聚乙烯管、硬质聚氯乙烯管等。

    A. 铸铁管   B. 铜管

    C. 球墨铸铁管   D. 预应力混凝土管

2. 输配水管道材料的选择应根据水压、外部荷载、土的性质、施工维护和材料供应等条件确定。有条件时，宜采用（　　　）。① 承插式预应力钢筋混凝土管；② 承插式自应力钢筋混凝土管；③ 铸铁管；④ 钢管；⑤ 玻璃钢管；⑥ 塑料管。

    A. ①③④⑤   B. ②③④

    C. ①③⑤⑥   D. ①②③④⑤⑥

3. （　　　）虽有较强的耐腐蚀性，但由于连续铸管工艺的缺陷，质地较脆，抗冲击和抗震能力差，接口易漏水，易产生水管断裂和爆管事故，且质量较大。

    A. 灰铸铁管   B. 球墨铸铁管

    C. 钢筋混凝土管   D. 玻璃钢管

4. （　　　）采用推入式楔形胶圈柔性接口，也可用法兰接口，施工安装方便，接口的水密性好，有适应地基变形的能力，抗震效果也好，因此是一种理想的管材。

    A. 灰铸铁管   B. 球墨铸铁管

    C. 钢筋混凝土管   D. 玻璃钢管

5. （　　　）的特点是能耐高压、耐振动、重量较轻、单管的长度大和接口方便，但承受外荷载的稳定性差，耐腐蚀性差，管壁内外都需要有耐腐措施，造价较高。通常只在大管径和水压高处，以及因地质、地形条件限制或穿越铁路、河谷和地震区时使用。

    A. 预应力钢筋混凝土管   B. 自应力钢筋混凝土管

    C. 钢管   D. 玻璃钢管

6. 预应力钢筒混凝土管是在预应力钢筋混凝土管内放入钢管，其用钢材量比钢管省，价格比钢管便宜。其接口为（　　　），承口环和插口环均用扁钢压制成型，与钢筒焊成一体，是一种比较理想的管材。

    A. 柔性接口   B. 刚性接口

C. 承插式　　　　　　　　　　　　D. 焊接式

7.（　　）在输水管道和给水管网中起分段和分区的隔离检修作用，并可用来调节管线中的流量或水压。

A. 排气阀　　　　　　　　　　　　B. 泄水阀

C. 止回阀　　　　　　　　　　　　D. 阀门

8.（　　）一般安装在水泵出水管上，防止因断电或其他事故时水流倒流而损坏水泵。

A. 排气阀　　　　　　　　　　　　B. 泄水阀

C. 止回阀　　　　　　　　　　　　D. 阀门

9.（　　）具有在管路出现负压时向管中进气的功能，从而起到减轻水锤对管路的危害。

A. 排气阀　　　　　　　　　　　　B. 泄水阀

C. 止回阀　　　　　　　　　　　　D. 阀门

10. 为满足管道排空、排泥和管道冲洗等需要，在管道低处应装设（　　），其数量和直径应通过计算确定。

A. 排气阀　　　　　　　　　　　　B. 泄水阀

C. 止回阀　　　　　　　　　　　　D. 阀门

11. 在输水管道和给水管网中主要使用的阀门型式有两种：闸阀和蝶阀。闸阀的闸板有楔式和平行式两种，根据阀门使用时阀杆是否上下移动，可分为明杆和暗杆，一般选用（　　）连接方式。

A. 法兰　　　　　　　　　　　　　B. 焊接

C. 承插口　　　　　　　　　　　　D. 对夹

二、思考题

1. 阀门有哪些种类？其各自的主要作用是什么？管网什么地方需要安装排气阀和泄水阀？

2. 铸铁管有哪些主要配件？在何种情况下使用？

3. 阀门井起什么作用？它的大小和深度如何确定？

4. 管网布置要考虑哪些主要的附件？

第 9 章
课后题
答案

第 10 章
给水管网运行管理与维护改造

给水管道系统的任务是：安全可靠地将符合水质、水量和水压要求的水输送到用户。为了维持管网的正常输水能力，保证安全供水，并最大限度地降低系统的运行成本，必须在管网投产以后，做好管网检漏、清管、事故抢修等维护管理工作。必须熟悉管网的情况、各项设备的安装部位和性能、用户接管的位置等，以便及时处理。平时要准备好各种管材、阀门、配件和修理工具等，便于紧急事故的抢修。

10.1　给水管网信息 ——————————————————————————

10.1.1　给水管网技术资料

我们从管网的信息技术资料来谈起，这是管网运维的重要基础资料，这些资料一般保存在设计、建设、和运营单位的技术管理部门，比如，给水管网平面图，在图上标明管线、泵站、阀门、消火栓、检查井等的位置和尺寸。大中城市的给水管网可按每条街道为区域单位列卷归档，作为信息数据查询的索引目录。

管网技术资料主要包括：

（1）管线图，我们前面介绍过，管线图是管网养护检修的基本资料，极为重要。

（2）管线过河、过铁路和公路的构造详图；

（3）阀门和消火栓记录卡；

（4）竣工记录和竣工图；

（5）管网运行、改建及维护记录数据和文档资料。

由于管线深埋在地下，施工完毕覆土后难以看到，因此，一定要在沟管回填土之前，及时绘制竣工图，将施工中的修改部分随时在设计图纸中订正。在竣工图中标明给水管线位置、管径、埋设深度、承插口方向、配件形式和尺寸、阀门形式和位置、排水管等相关管线的直径和埋深等。竣工图上的管线和配件位置可用搭角线表示，注明管线上某一点或某一配件到某一目标的距离，便于及时进行养护检修。节点详图不必按比例绘制，但管线方向和相对位置须与管网总图一致，图的大小取决于节点构造的复杂程度。

10.1.2　给水管网地理信息系统

随着城市设施的不断完善，给水管网设计运行的智能化、信息化技术发展，建立完整、准确的管网管理信息系统，可以提高供水系统的管理效率和质量，是现代化城市发展和管理的必然需求。

地理信息系统（Geographic Information System，简称 GIS），是以收集、存储、管理、描述、分析地球表面及空间和地理分布有关的数据的信息系统，具有四个主要功能：信息获取与输入、数据存储与管理、数据转换与分析、成果生成与输出。

给水管网地理信息系统（给水管网 GIS），将计算机图形和数据库融于一体，是储存和处理给水管网空间信息的高新技术，它把地理位置和相关属性有机结合起来，根据实际需要准确真实、图文并茂地输出给用户，借助其独有的空间分析功能和可视化表达，进行各项管理和决策，满足管理部门对供水系统的运行管理、设计和信息查询的需要。给水管网地理信息系统也可以与排水管网地理信息系统统一成一个整体的信息系统。

给水管网 GIS 的主要功能包括：

给水管网的地理信息管理，包括泵站、管道、阀门井、排气阀等附件和附属构筑物、用户资料等。

建立管网系统中央数据库，全面实现管网系统档案的数字化管理，形成高效完备的给水管网档案管理体系，为管网系统规划、改扩建提供图纸及精确数据。

准确定位管道的埋设位置、埋设深度、管道井、阀门井的位置、供水管道与通信、电力、燃气等其他地下管线的布置和相对位置等，以减少由于开挖位置不准确所造成的施工浪费，避免开挖时对其他地下管道造成破坏，引发事故。

提供管网优化规划设计、实时运行模拟、状态参数校核、管网系统优化调度等技术性功能的软件接口，实现供水管网系统安全、低耗、智慧运行。

管网地理信息系统的空间数据信息主要包括两部分：

一部分是与供水系统有关的各种基础地理特征信息，如地形、土地使用、地表特征、地下构筑物、河流等；

另一部分是供水系统本身的各地理特征信息，如检查井、水表、管道、泵站、阀门、水厂等。

管网属性数据可按实体类型，包括：节点属性、管道属性、阀门属性、水表属性等。节点属性主要包括节点编号、节点坐标（X、Y、Z）、节点流量、节点所在道路名等。管道属性包括管道编号、起始节点号、终止节点号、管长、管材、管道粗糙系数、施工日期、维修日期等。阀门属性主要包括阀门编号、阀门坐标（X、Y、Z）、阀门种类、阀门所在道路名等。水表属性主要包括水表编号、水表坐标（X、Y、Z）、水表种类、水表用户名等。图 10-1 所示为实际管网的相关属性。

图 10-1
彩图

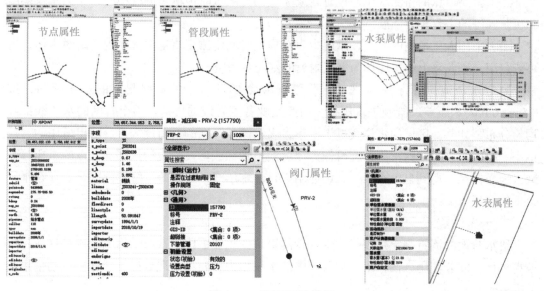

图 10-1　管网属性数据

在管网系统中采用地理信息技术，可以使图形和数据之间的互相查询变得十分便捷。由于图形和属性可被看做是一体的，所以得到了图形的实体号也就得到了对应属性的记录号，并获得了对应数据。

GIS 与管网水力水质模型联接后，水力及水质模型可以调用 GIS 属性数据库中的相关数据对供水系统进行模拟、分析和计算，并将模拟结果存入 GIS 属性数据库，通过 GIS 将模拟所得的数据与空间数据相联接。建立管网地理信息管理系统，利用计算机系统实现对供水管网的全面动态管理是市政设施信息化建设和管理的重要组成部分，也是城市市政设施现代化管理水平的重要体现。

10.2 管网水压和流量的测定

测定管网的压力和流量，便于了解供水情况和提出改进措施，也是管网技术管理的一个主要内容。

1. 水压测定

测定管网的水压，应在有代表性的测压点进行。测压点的选定既要能真实反映水压情况，又要均匀合理布局，使每一测压点能代表附近区域的水压状况。测压点主要设在大中口径的干管线上，不宜设在进户支管上或有大量用水的用户附近。测压时可将压力表安装在消火栓或给水龙头上，定时记录水压，能有自动记录压力仪则更好，可以得到 24 小时内的水压变化曲线。

管网的测压方式如下：

（1）在测压点上设置自动水压记录仪，连续记录该测量点的水压，根据各测压点的连续水压记录，整理统计水压分布情况。

（2）将测压点的监测水压通过有线或无线的方式及时传输至调度中心，作为水量调度和机泵开停的主要参考依据。

（3）采用人工量测的方式，用压力表在规定时间内测定指定消火栓内的瞬时水压，也可测定用户水龙头上的水压作为该点附近的水压参考资料。

测定水压有助于了解管网的工作情况和薄弱环节。可根据测定的水压资料，按 0.5~1.0m 的水压差，绘制等水压线，由此反映各条管线的负荷。整个管网的水压线最好均匀分布，如某一区域的水压线过于密集，表示该处管网的负荷过大，反映出所用的管径偏小。所以，水压线的密集程度可作为今后调整管径或增设管线的依据。各点的水压标高减去地面标高，得到自由水压，又可绘制等自由水压线，可据此了解管网内是否存在水压过低的区域。

2. 流量测定

给水管网的流量测定是现代化供水管网管理的重要手段，普遍采用电磁流量计或超声波流量计，安装使用方便，不增加管道中的水头损失，容易实现数据的计算机自动采集和数据库管理。

（1）电磁流量计

电磁流量计的工作原理：电磁流量计工作时，当导电液体流过电磁流量计，导体液体中会产生与平均流速 v，或体积流量，成正比的电压，其感应电压信号通过两个与液体接触的电极检测，通过电缆传至放大器，然后转换成统一的输出信号，如图 10-2 所示。

电磁流量计的特点：由于电磁流量变送器的测量管道内无运动部件，因此使用可靠，维护方便，寿命长，且压力损失小，没有测量滞后现象，可用来测量脉冲流量；测量管道内有防腐蚀里衬，可测量各种腐蚀性介质的流量；测量范围大，满刻度量程连续可调，输出的直流毫安信号可与电动单元组合仪表或工业控制机联用。

图 10-2 彩图

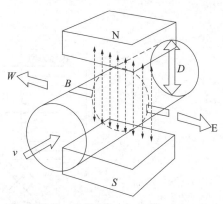

v—管道截面平均流速；B—磁场感应强度；D—管道内径

图 10-2　电磁流量计

（2）超声波流量计

超声波流量计工作原理：超声波流量计是以超声波多普勒效应为工作原理，利用安装在管道外壁上的传感器探头向流动着的液体发射固定频率的超声波束，液体里的颗粒反射信号的频率受流速的影响而发生偏移，根据频率变化与流速变化成正比的关系，求出管道内的流量，如图 10-3 所示。

图 10-3 彩图

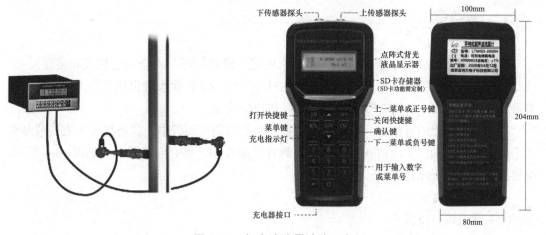

图 10-3　超声波流量计（一）

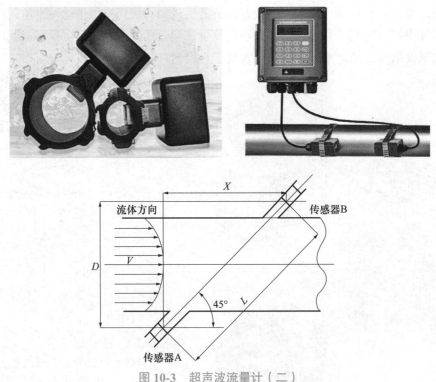

图 10-3 超声波流量计（二）

时差型超声波流量计利用超声波脉冲在通过流体的顺、逆方向上传播速度之差，求出流体的流量。

超声波流量计的特点：超声波流量计在管道外测流量，可实现无妨碍测量，只要能传播超声波的流体皆可使用其进行测量，也可以对高黏度液体、非导电性液体和气体进行测量。

仪器仪表的发展很快，在测量精度、数据频次、工作条件、数据传输等方面，可以越来越好地满足实际工程的需求。仪器仪表的产品种类也多种多样，在选用的时候，要结合产品特点、应用场景和要求等综合考虑，选择合适的种类和型号。

10.3　管网检漏

管网漏损会造成供水量的减少，浪费水资源，浪费能源，也会危及建筑和道路交通。因此，检漏是供水管网管理部门一项重要的日常工作。降低漏水量也相当于另辟水源，是节水的重要内容之一，具有较大的经济效益和社会效益。

引起漏损的原因有很多：管道由于质量差或使用期长而破损；管道接头不密实或基础不平引起损坏；阀门关闭过快产生水锤导致管道破坏等，都会导致漏水，如图 10-4 所示。主要原因包括如下几方面：

（1）管材强度低；

（2）管道接口质量差；

（3）温度变化过大；

（4）沉降及外部荷载的影响；

（5）施工造成的损坏；

（6）管网运行压力过高；

（7）管道被腐蚀。

图 10-4
彩图

图 10-4　管网漏损

按漏水量的大小及形式，可分为背景漏失、暗漏、明漏和不可避免的漏失水量。

背景渗漏，又称为不可检测渗漏，当单个漏点的漏水量低于 400～500L/h，一般的检漏设备则难以检测到，多发生在管道的接头，密封性差的管件，以及金属管道中微小的腐蚀漏孔。背景渗漏通过更换管道管件的方式可以有效的降低，但成本比较昂贵。

暗漏，又称为可以检测到的漏点，在管道系统中较为常见，其漏失水量居中，漏损情况取决于系统的压力，运行情况，土壤情况及管道的状况等因素。

明漏，流量一般都很大，是可以被用户或路人发现的漏失，多为爆管事件。

不可避免的漏失水量，在现有技术水平及经济条件下，无论采取什么技术手段都无法避免的，供水系统理论上的最小漏失水量，称为不可避免的漏失水量。其中包括一定的背景渗漏、一些明漏及暗漏。

应用较为广泛且费用较低的检漏方法包括：直接观察法和听漏法，有些城市采用分区装表和分区检漏，可根据具体条件选用适当的检漏方法。

（1）实地观察法

实地观察法是从地面上观察漏水迹象，比如，排水窨井中有清水流出，局部路面出现下沉，路面积雪局部融化，晴天出现湿润的路面等，这种办法简单易行，但较粗略。

（2）听漏法

听漏法，使用最久，一般在深夜进行，以免受到车辆行驶和其他杂声的干扰。采用工具为听漏棒，如图 10-5 所示，使用时，将棒的一端放在水表、阀门或消火栓上，可以从棒的另一端听到漏水声。这一方法的听漏效果要凭个人经验而定。

图 10-5
彩图

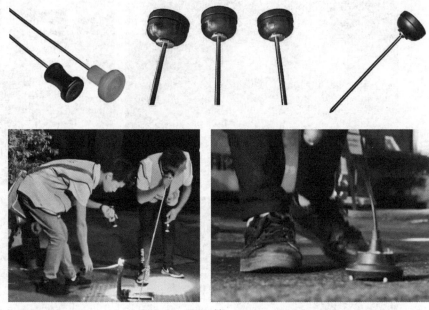

图 10-5　听漏棒

除了听漏棒，也可采用检漏仪，包括：电子放大仪和相关检漏仪等，相关仪如图 10-6 所示。

图 10-6
彩图

图 10-6　相关仪

电子放大仪是一个简单的高频放大器，利用晶体探头将地下漏水的低频振动信号转化为电信号，放大后即可在耳机中听到漏水声，也可以从输出电表的指针摆动看出漏水情况。

相关检漏仪是由漏水声音传播速度，即漏水声传到两个拾音头的时间先后，通过计算机算出漏水地点，这类仪器价格昂贵，使用时，需要较多的人力，对操作人员的技术要求也比较高，目前，国内正在逐渐推广使用。多探头相关仪是集漏水预定位和精定位于一体，只要检测一次，就可完成一定区域内的漏点预定位和精定位，而且对管道属性要求不高，可以在管材、管径未知的情况下，进行漏水点的定位。

图 10-7
彩图

　　检漏设备的发展很快，如图 10-7 所示，在适应管材、管径、检测效果、定位精度等方面，可以越来越好的满足实际工程的需求。

（a）分布式光纤预警　　（b）管道内检测器　　（c）PCCP 断丝电磁检测仪　　（d）管道内检测器

图 10-7　检漏设备

（3）分区检漏法

　　分区检漏是通过水表测出漏水地点和漏水量，一般只在允许短期停水的小范围内使用。方法是，把整个给水管网分成小区，将与其他地区相通的阀门全部关闭，小区内暂停用水，然后开启装有水表的一条进水管上的阀门，使小区进水。若小区内的管网漏水，水表指针将会转动，由此可读出漏水量。水表装在直径为 10～20mm 的旁通管上。查明小区内管网漏水后，可按需要再分成更小的区，用同样方法测定漏水量，这样逐步缩小范围，最后结合听漏法确定漏水点。

10.4　管道防腐和修复

　　给水管道在长年的运行中，沿管道内壁会逐渐形成不规则的环状混合物，称之为"生长环"，如图 10-8 所示，它是给水管道内壁由沉淀物、锈蚀物、黏垢及生物膜相互结合而成的混合体。管道中生长环不仅直接影响供水水质，而且使过水断面减少，通水能力降低。

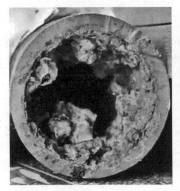

图 10-8
彩图

图 10-8　生长环

10.4.1 管道防腐

腐蚀是形成生长环的一个重要因素，是金属管道的变质现象，其表现方式有生锈、坑蚀、结瘤、开裂或脆化等。

按照腐蚀过程的机理，可分为没有电流产生的化学腐蚀；以及形成原电池而产生电流的电化学腐蚀。

影响管道腐蚀的因素包括：含氧量、pH 值、含盐量、流速等。

防止给水管道腐蚀的常用方法包括：

（1）采用非金属管材；

（2）若采用金属管，在管道内外表面上涂油漆、沥青等，以防止金属与水接触；所选用的涂料需要满足以下要求：① 不溶解于水，不得使自来水产生臭味，并且无毒；② 涂料前，内外壁应清洁无锈；③ 管体预热后浸入涂液，涂层厚薄均匀，内外壁光滑，黏附牢固，并不因气温变化而发生异常。

（3）阴极保护。根据腐蚀电池的原理，两个电极中只有阳极金属发生腐蚀，所以阴极保护的原理就是使金属管成为阴极，以防止腐蚀。阴极保护有两种方法：一种是使用消耗性的阳极材料，如铝、镁、锌等，隔一定距离用导线连接到作为阴极的管线上，在土壤中形成电路，结果是阳极腐蚀，管线得到保护，如图 10-9（a）所示。这种方法常在缺少电源、土壤电阻率低和水管保护涂层良好的情况下使用。另一种是通入直流电的阴极保护法，如图 10-9（b）所示，将废铁埋在管线附近，与直流电源的阳极连接，电源的阴极接到管线上，因此可防止腐蚀，在土壤电阻率高（2500Ω·cm）或金属管外露时使用较宜。

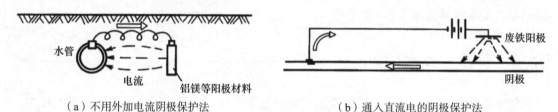

（a）不用外加电流阴极保护法　　　　　　（b）通入直流电的阴极保护法

图 10-9　金属管道阴极保护

10.4.2 管道清垢和涂料

为了防止管壁腐蚀，新管道可进行涂衬，对埋地敷设的旧管道可有计划地进行清管和涂料。清除管道生长环是管网维护的一项重要内容。清管后可恢复通水能力，降低能耗，保障水质。

1. 管道清垢

生长环的清除方法有很多，选用时应考虑如下原则：操作方便，对正常供水影响小，成本低，清除效果好。

（1）水力清洗法

金属管线清垢方法，应根据积垢的性质来选择。对于松软的积垢，可通过提高管内流速进行冲洗。冲洗时流速比平时流速提高 3～5 倍，但压力不应高于允许值。每次冲洗的管线长度为 100～200m。冲洗工作应经常进行，以免积垢变硬后难以用水冲掉。

用压缩空气和水同时冲洗，效果更好，其优点是：清洗简便，水管中无需放入特殊的工具；操作费用比刮管法、化学酸洗法低；工作效率比其他方法高；用水流或气—水冲洗并不会破坏水管内壁的沥青涂层或水泥砂浆涂层。

水力清洗法清除的管垢随水流排出。起初排出的水浑浊度较高，以后逐渐下降，冲洗工作直到出水完全澄清为止。用这种方法清垢所需的时间不长，管内的绝缘层不会破损，所以也可作为新敷设管道的清洗方法。

（2）气压脉冲射流清管法

气压脉冲射流清管法的冲洗过程如图 10-10 所示，储气罐中的高压空气通过脉冲装置、橡胶管、喷嘴送入需清洗的管道中，冲洗下来的锈垢由排水管排出。该方法设备简单，操作方便，成本低，效果好。进气和排水装置可安装在检查井中，因而无需断管或开挖路面。

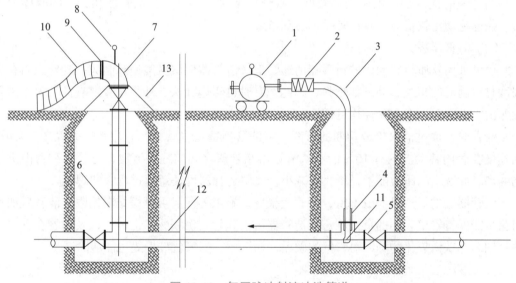

图 10-10　气压脉冲射流冲洗管道

1—贮气罐；2—脉冲装置；3—橡胶管；4—带丝短管；5—闸门；6—临时排水法兰短管；7—90° 法兰曲管；
8—压力表；9—固定卡子；10—排水细纹胶管；11—喷嘴；12—冲洗管段；13—支撑架

（3）机械刮管法

坚硬的积垢须用刮管法清除。刮管法所用刮管器有多种形式，都是用钢绳绞车等工具使其在积垢的水管内来回拖动。如图 10-11 所示的刮管器是用钢丝绳连接到绞车，适用于刮除小口径水管内的积垢。它由切削环、括管环和钢丝刷组成。使用时，先由切削环在水管内壁积垢上刻划深痕，然后刮管环把管垢刮下，最后用钢丝刷刷净。

大口径水管刮管时可用旋转法刮管，安装与刮管器类似，但钢丝绳拖动的是装有旋转刀具的封闭电动机。刀具可使用与螺旋桨相似的刀片，也可用装在旋转盘上的链锤，刮垢效果较好。

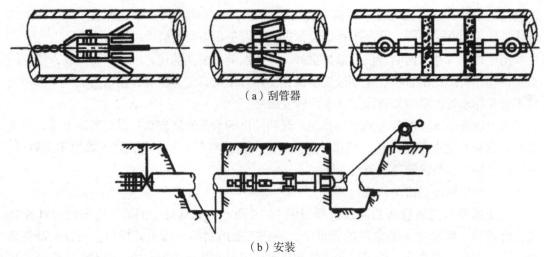

（a）刮管器

（b）安装

图 10-11　刮管器安装

刮管法的优点是：工作条件较好，刮管速度快；缺点是：刮管器和管壁的摩擦力很大，往返拖动比较费力，并且管线不易刮净。

（4）清管器法

也可采用软质材料制成的清管器清通管道。清管器用聚氨酯泡沫制成，其外表面有高强度材料制成的螺纹，外形如炮弹，因此，有时也叫炮弹法，外径比管道直径稍大，清管操作由水力驱动，大小管径均可适用。

清管时，通过消火栓或切断的管线，将清管器塞入水管内，利用水压力以 2～3km/h 的速度在管内移动。约有 10% 的水从清管器和管壁之间的缝隙流出，将管垢和管内沉淀物冲走。冲洗水的压力随管径增大而减小。软质清管器可任意通过弯管和阀门。

清管器法的优点是：成本低，清管效果好，施工方便且可延缓结垢期限，清管后如不衬涂也能保持管壁表面的良好状态。清管器可清除管内沉积物、泥砂，以及附着在管壁上的铁细菌、铁锈氧化物等，对管壁的硬垢，如钙垢、二氧化硅垢等也能清除。

（5）酸洗法

酸洗法是将一定浓度的盐酸或硫酸溶液放进水管内，浸泡 14～18h 以去除碳酸盐和铁锈等积垢，再用清水冲洗干净，直到出水不含溶解的沉淀物和酸为止。由于酸溶液除能溶解积垢外，也会侵蚀管壁，所以加酸时应同时加入缓蚀剂，以保护管壁少受酸的侵蚀。这种方法的缺点是酸洗后，水管内壁变为光洁，如水质有侵蚀性，以后锈蚀可能更快。

（6）冰浆清洗法

冰浆，也叫流化冰、泵送冰，是一种含有冰颗粒与水混合的固液两相流。通常所说的冰浆，都是由直径不超过 1mm 的冰颗粒构成的。由于冰浆可以被泵送，近年来，逐渐被用于管道清洗过程，应用也越来越广泛。

冰浆清洗技术主要是以冰浆作为介质来清洗管道，即将冰浆注入管道内，形成一段柔软的"冰活塞"，利用水压推动冰浆向前移动，在移动时，冰浆与管道内壁发生碰撞及摩擦，破坏沉积物与附着物的稳定结构而使之剥离管壁，这些物质随着冰浆一起向前移动直至排出管道，最终达到清洗管道的目的，如图 10-12 所示。

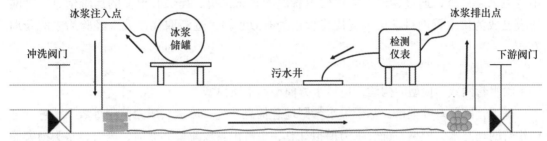

图 10-12　冰浆清洗基本原理示意图

冰浆用作清管的介质，主要是由于其良好的通过性和可以被泵送的特点；在管道中存在变径、变形或蝶阀等结构的时候，冰浆可以像黏稠状流体一样变形，适应管道的各种形状变化，在管道中的通过性很好；此外，研究发现，高含冰率的冰浆在通过管道时，会表现出特有的"活塞状"流动形式，可以提高其通过管道的能力。

2. 管壁防腐涂料

管壁积垢清除以后，应在管内衬涂保护涂料，以保持输水能力和延长水管寿命。一般是在水管内壁涂水泥砂浆或聚合物改性水泥砂浆。水泥砂浆涂层厚度为 3～5mm，聚合物改性水泥砂浆约为 1.5～2.0mm。水泥砂浆用 M50 硅酸盐水泥或矿渣水泥和石英砂，按水泥∶砂∶水＝1∶1∶0.37～0.40 的比例拌和而成。聚合物改性水泥砂浆由 M50 硅酸盐水泥、聚醛酸乙烯乳剂、水溶性有机硅、石英砂等按一定比例配合而成。

（1）衬涂砂浆的方法

衬涂砂浆的方法很多。在埋管前预先衬涂可用离心法，即用特制的离心装置将涂料均匀地涂在水管内壁上。已埋管线衬涂时，可采用压缩空气衬涂设备。利用压缩空气推动胶皮涂管器，由于胶皮的柔顺性，可将涂料均匀抹到管壁上。涂管器在水管内的移动速度为 1.0～1.2m／s，不同方向反复涂两次。在直径 500mm 以上的水管中，可用特制的喷浆机喷涂水管内壁。根据喷浆机的大小，一次喷浆距离约为 20～50m。

（2）环氧树脂涂衬

环氧树脂具有耐磨性、柔软性、紧密性，使用环氧树脂和硬化剂混合的反应型树脂，可以形成快速、强度高、耐久的涂膜。环氧树脂涂衬方法采用高速离心喷射原理，喷涂厚度为 0.5～1.0mm。环氧树脂涂衬不影响水质，施工期短，当天即可恢复通水，但是该方法设备复杂，操作技术要求高。

（3）内衬软管

内衬软管，即在旧管内衬套管，有滑衬法、反转衬里法、"袜法"及用弹性清管器拖带聚氨酯薄膜等方法，该法形成"管中有管"的防腐结构，防腐效果好，但成本较高。

10.5　给水管网建模

给水管网系统规模庞大、结构复杂、用水变化随机性强、运行控制为多目标的网络系统。20 世纪 80 年代开始，随着计算机技术的飞速发展，管网建模的理论日趋完善，应用也越来越广泛，通过建模，能够模拟管网的动态工况、提供有价值的运维信息。管网建模已成为供水管网科学化、现代化管控的有效手段，逐渐取代以人工经验为主的管理方式。

1. 管网建模的目标

给水管网数学模型的构建，包括水力模型和水质模型。

基于管网平差等理论，基于给水管网地理信息系统、流量、压力监测等数据信息，可构建管网动态水力模型，进行水力模拟计算，求解出管段流量、流向、压力、水头损失等信息，动态模拟管网运行状态，分析评价管网结构的合理性及管网运行规律。

基于准确可靠的水力模型，基于给水管网水质指标在线监测数据等信息，可构建管网动态水质模型，进行水质模拟计算，求解出管网水质指标，实时了解、掌握管网水质状况，及时发现水质薄弱点、异常点。

基于所构建的水力水质模型，实现科学的决策，达到规划设计、评估管理、供水调度、水质分析等应用目标，如图 10-13 所示。

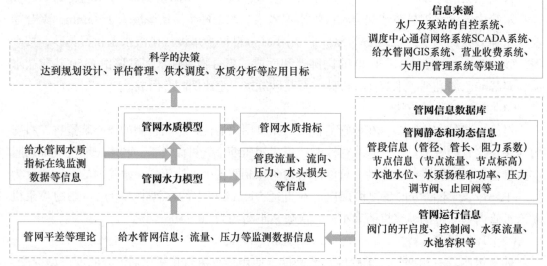

图 10-13 管网建模的目标及所需信息

2. 管网建模所需的信息

模型的构建基于管网信息数据库，如图 10-13 所示，主要指管网静态和动态信息，包括管段信息，如管径、管长、阻力系数等；节点信息，如节点流量、节点标高等；以及水池水位、水泵扬程和功率、压力调节阀、止回阀以及其他装置等。主要的运行信息也要收集，如阀门的开启度、控制阀、水泵流量、水池容积等。

这些信息来源于水厂及泵站的自控系统、调度中心通信网络系统 SCADA 系统、给水管网 GIS 系统、营业收费系统、大用户管理系统等渠道。

收集信息是非常费时但又是十分关键的工作。为了保证模型的精度，基础数据的准确性非常重要。实际上，建模过程的主要工作就是建立准确可靠的管网静态和动态信息，这项工作极为重要，必须经过反复核对、修改，以保证其准确可靠。数据库中的各种数据信息，可与管网模型对接，支持模型的模拟计算。

3. 管网建模的流程

管网建模的流程如图 10-14 所示。首先，输入给水管网静态、动态信息；基于管网信息，建立管网基本方程组；对所建立的方程组进行求解，并进行管网模拟计算，求得各管段的流量、流速、水头损失、节点压力、各水源供水量、供水压力等信息；将所得的计算结果与监测数据相比较，计算误差，若所得误差不满足规定的要求，则修改模型、调整参数，重新计算，如此反复进行，直到满足要求为止。

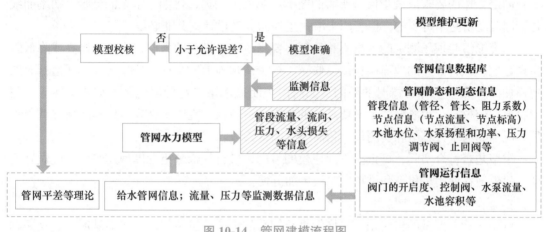

图 10-14　管网建模流程图

4. 管网模型的校核

上面所提到的修改模型、调整参数、重新计算的过程，其实就是模型的校核。为了管网模型计算的可行，需要对管网进行一定的简化，这种简化不仅是我们前面介绍过的，管线的删除与合并这种结构上的简化，还包括一些经验性的计算方法、采集的数据，以及某些参数的估计等。这就是模型存在的局限性，模型与真实是一种近似，是存在误差的。因此，初步建立的模型不可能完全符合实际情况，要进行修正，使其逐渐接近实际。

模型校核是对管网状态和参数进行估计和调整，前者指随时间变化的量，如节点流量值；后者指不随时间变化的量，如管道阻力系数 C 值。

校核时，先找出模型计算结果和现场实测值的差异，通过调查，明确原因，再对模型进行合理的修正，以提高模拟精度。修正时，可从差异比较大、比较明显的地方开始，有可能需要反复修改多次才能达到规定的要求。对管网模型的修改主要是根据实测情况进行调整，包括：

（1）调整管段粗糙系数或阻力系数；

（2）调整用户用水量变化曲线，调整节点流量；

（3）调整水泵特性曲线；

（4）个别管段流速和水头损失太大，可能是管径错误，或大用户位置错误，也可能并不是数据错误，而是实际本身就存在不合理的现象；

177

（5）调整管段上阀门的开启度；

（6）修改给水管网 GIS 的遗漏和错误；

（7）修改补充管段间的连接关系。特别对于简化模型来说，可能将直径较小，但从水力角度来看却是重要的管段简化掉了，应该增补进去；

（8）剔除明显错误的值；

（9）修改错误的输入。

管网模型校核时，需进行必要的现场测定。包括蓄水池水位、大型表计用户的用水量、水泵的流量－扬程特性曲线等。

测定工作的要求取决于模型所需的精确度和模型用途，比如，水泵的流量－功率曲线是管网调度所必不可少的，但若用于漏水量控制方案设计则并非必要。

当模拟值与现场测定的数据不一致时，要修改输入模型的数据，比如，提高或降低阻力系数值、核查节点的地面高程加以修正、核查清水池池底高程、校核水泵实际运行时的特性曲线、或查明异常情况的原因、如阀门关闭或水泵未运转但记录上却在运转等。因此，模型校核是一项既要技术又要经验的工作，在校核过程中，必须根据实际情况调整参数，决不能为求计算值和实测值一致而随意调整参数。

模型是否符合实际，可依据不同建模的目的，进行评价分析。模型建好后，应做好记录，使模型在使用、更新和维护的时候更加方便。

5. 管网模型的维护更新

可见，管网模型的构建是一项比较复杂细致的工作，虽然如此，并不是模型建立完就一劳永逸了，因为随着城市的发展，给水管网系统也在不断地发展变化，比如，干管布置变化或更新改造，增加新设备，更换旧设备；供水分界线的变动、阀门的开启和关闭、更换水泵；用水量及其变化规律的变化等等。因此，管网模型建立后，必须要加强维护、定期更新，以适应不断变化的情况，保证模型的精确度。

10.6　给水管网水质安全保障

供水管网水质安全保障也是管网管理的重要任务之一。我国大多数自来水厂出厂水质均能达到国家标准《生活饮用水卫生标准》GB 5749。但是合格的水通过管网输送到用户时，往往达不到标准，浊度、色度增加，细菌总数超标，水质指标恶化，水质受到"二次污染"。因此，保障管网水质安全是制约"源头到龙头"全流程水质安全的重要环节。

给水管网埋在地下，纵横交错，是一座庞大的管式反应器，如图 10-15 所示，水在管道中发生着物理、化学，以及生物学的变化。随着季节、管材等因素的不同，这些变化又有相应的差异。

给水管网是由不同管材、不同管径的管道所构成，水不是直接沿着管壁流动，而是沿着"生长环"或"生物膜"流动，流动的水体与其进行着传质、扩散、解析的过程，同时还进行着细菌的繁殖、死亡、脱落、灭活及再增殖的过程。

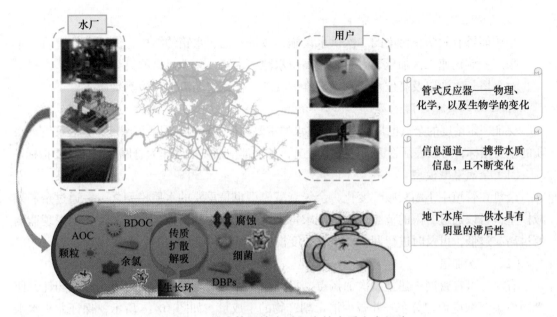

图 10-15　给水管网输水过程中的水质安全保障

给水管网是巨大的信息通道，水是信息的载体，从水厂进入管网的水，将携带着不同时刻人们所关心的水质信息，如温度、浊度、余氯、消毒副产物（DBPs）、生物可同化有机碳（AOC）、生物可降解的溶解性有机碳（BDOC）、细菌总数等等。在管网流动的过程中，还将不断的变化，又要沿管道重新分布与组合。

给水管网还是一座巨大的地下水库，使供水具有明显的滞后性。水在管道中的停留时间长短影响着管道中的各种反应和变化，从而直接影响管道中的水质。

保障给水管网水质安全的主要技术措施包括：

1. 提高出厂水水质和稳定性，严格控制浊度超标

不稳定或水质不好的出厂水会直接导致管网水质的变化，因此，提高和稳定出厂水水质就显得尤为重要。水厂应保证原水经过处理后能够使水质达到国家标准的要求，而对于保障管网水质来说，更要控制浊度、余氯，以及化学稳定性指标和生物稳定性指标。

2. 更新或改造给水管道系统，深化管网管理

对于新敷设的管道应选择防污染的管材，并提前做好涂衬等工作；

对于已埋地敷设的管线应有计划地进行管道清洗及涂衬，恢复输水能力，降低能耗、改善水质；

应通过给水栓、消火栓和放水管，定期放掉管网中的"死水"，并借此冲洗管道，如，管网末端的排水阀、消火栓等；

对注入水池或直接从管网抽水的管路，增设限流装置，防止水流波动；

降低管网漏损率，及时检漏、堵漏，避免管网在处于负压状态时，受到脏水的污染；

减少停水，避免因局部停水而引起的水流方向、水流速度的突变，从而影响水质，也避免产生负压；

新敷管线竣工后，或旧管线检修后均应按要求冲洗消毒，直到排出的水满足要求。

3. 完善二次供水设施的设计与施工，加强管理

采用能够有效防止污染的二次供水设施，改进水池、水箱的结构，保证水的流动性；采用变频调速二次加压装置，省去高位水池、水箱，减少污染的机会；对水塔、水池以及高位水箱，做好维护管理工作，定期清洗和检测水质。

4. 管网内余氯浓度的管理

保证一定浓度的余氯也是管网安全供水的重要途径，管网中的余氯浓度，是表征管内水质的主要指标，可以表征管道内的卫生状况，各国都把余氯浓度作为管网监测的重要指标。

（1）余氯衰减模型

余氯在管道中不断衰减、变化，余氯衰减模型也是重要的水质模型之一，通过余氯衰减模型，可以通过有限的节点余氯浓度求得不同状况下管网节点的余氯浓度，当发现监测值过高或过低，可及时进行调整，余氯浓度模拟是科学化管理的一个重要体现。

（2）二次加氯

有时，可在管网中建立二次加氯点，目的是在保障安全供水的前提下，降低药耗，使管网中余氯浓度均匀分布，并减少消毒副产物的生成量，如图 10-16 所示，保证龙头水水质达标。

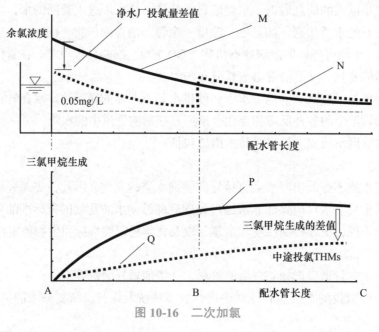

图 10-16　二次加氯

（3）CT 值

化学消毒工艺的一条实用设计准则为：接触时间与接触时间结束时消毒剂残留浓度的乘积 $T(\min) \times C(\mathrm{mg/L})$，称为 CT 值。消毒接触一般采用接触池或利用清水池，由于其水流不能达到理想推流，所以部分消毒剂在水池内的停留时间低于水力停留时间 t，故接触时间 T 需采用保证 90% 的消毒剂能达到的水力停留时间 t，也就是，采用出流 10% 的消毒剂停留时间 T_{10} 进行计算。T_{10}/t 值与消毒剂混合接触率有关，值越大，接触效率越高。影响 T_{10}/t 值的主要因素有：清水池水流廊道长宽比、水流弯道数目和形式、池型以及进、出口布置等。一般清水池的 T_{10}/t 值多低于 0.5，因此，应采取一定的措施提高接触池或清水池的 T_{10}/t 值，保证必要的接触时间。

对于一定温度和 pH 的待消毒处理水，不同消毒剂对粪大肠菌、病毒、兰氏贾第鞭毛虫、隐孢子虫灭活的 CT 值也不同。表 10-1 为美国地表水处理规则（SWTR）中，不同消毒剂在不同条件下，达到同样消毒效果所对应的 CT 值。

各种消毒剂与水的接触时间应参考对应的 CT 值，并留有一定的安全系数加以确定。

灭活 1-log 兰伯贾第虫的 CT 值 表 10-1

消毒剂	pH	在水下的 CT 值					
		0.5℃	5℃	10℃	15℃	20℃	25℃
2mg/L 的游离残留氯	6	49	39	29	19	15	10
	7	70	55	41	28	21	14
	8	101	81	61	41	30	20
	9	146	118	88	59	44	29
臭氧	6～9	0.97	0.63	0.48	0.32	0.24	0.16
二氧化氯	6～9	21	8.7	7.7	6.3	5	3.7
氯胺（预生成的）	6～9	1270	735	615	500	370	250

5. 管网水质在线监测

在管网的运行调度中，应重视管网的水质检测。为了掌握管网水质变化动态，供水企业可在管网中设置一定数量的在线实时余氯、浊度、氨氮、pH 值等监测仪表。管网水质监控的目的是：基于管网中少数点的水质在线监测数据，通过水质模型模拟出整个管网水质的总体状况，从而实现监控管网水质的目的。

给水管网水质在线监测系统包括：在线监测点以及相应的监测仪器对水质参数进行测定；信号传输系统，将测到的数据传送至远程计算机；远程控制设备，对接收到的数据进行分析和管理，如图 10-17 所示。总体而言，它是一种以数据采集和管理为主要任务的网络系统，具备一定的分析和管理功能。

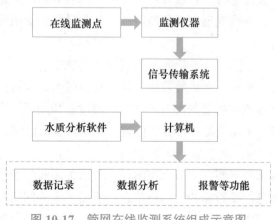

图 10-17　管网在线监测系统组成示意图

水质在线监测点设置的原则是：通过较少的监测点，反映较大区域的水质状况。由于监测点在管网中实现功能的不同，监测点选定的理论依据也不同。实际工程中，监测点的设置要科学合理，要具有代表性，可以通过较少的点反映尽可能多的用水量水质，应主要考虑下列原则：

（1）应能反映沿管网水力路径水质变化情况；

（2）用水比较集中的区域和重要用水单位；

（3）应尽量均衡地分布在管网中；

（4）对于多水厂供水的给水管网，应在供水分界线上设置水质监测点；

（5）应覆盖没有涂衬的干管和管网末梢等敏感点；

（6）安装方便，便于维护。

这样，就可以通过有限的水质在线监测数据，了解监测点附近的水质状况，进而掌握整个供水管网的水质状况，保障管网水质安全。

10.7 给水管网安全、低耗、智慧运行

有了准确可靠的管网水力水质模型，就可以基于模型的计算结果，对管网进行科学化的决策和管控了。

1. 给水管网现状分析及评估

基于管网基础资料，及水力水质模型现状分析结果，可梳理出既有管网的主要问题，对管网现状进行分析、评估。并可进一步完成规划、优化及改造等系列方案。

2. 给水管网多水源供水状况分析及运行方案

通过对水源水量的优化分配，合理进行源水水量在各水厂之间的比例分配，防止造成个别水厂在超负荷或欠负荷状态下运行，使各水厂都能充分合理地发挥各自的处理能力。

3. 给水管网规划及改造方案

解决新、老供水系统之间的水量调配问题，深入分析现状供水及管网实际运行状况，通过计算、分析，确定新建供水工程运行后，现有净水厂实际配水状况，对年久失修的管段和不满足供水要求的管段进行改扩建分析，提出实用有效的改扩建方案。实现资源的合理利用，减少盲目投资，提高规划方案的经济性，提高供水企业服务水平，为供水管理提供有效的实用优化工具。

4. 给水管网压力、流量、水质等监测点优化布置方案

监测点需采用压力、流量、水质等监测装置，投资较大，要选择尽可能少的、具有代表性的、可代表一定区域范围的监测点布置位置。通过合理的适于当地状况的监测点布置方法，确定压力、流量、水质监测点数目、位置，及所代表的区域。

5. 给水管网事故分析、预警及抢修方案

针对应急、反恐等水质问题，分析水流路径。给出关闭阀门的最优方案，同时可以查看受影响管段的相关信息、受影响的大用户信息、所需关闭的阀门及相应信息。当某个阀门因损坏而失效时，还可以给出新的关闭方案，如果有多个故障点时，也可以实现阀门的

优化合理调度。

6. 给水管网节能、低耗运行及漏损控制方案

根据各水源、水厂供水状况，进行优化分析，提出有效、可行的管网优化运行方案，进行产销差分析、并提出产销差控制方案，通过调整管网压力，调节水泵开启台数等措施，优化系统运行，提出分质、分区供水方案。实现管网节能、低耗运行，降低管网漏损。

7. 管网区块化管理

我们已经知道，管网系统供水要在满足水量、水压、水质目标的前提下，尽可能减少漏失，降低电耗，同时，又要保障供水系统动态工况安全，尽量避免事故的发生，一旦出现事故又要可控性强。同时达到这些要求是非常困难的，一个可行的解决办法是实施"区块化供水"。

"区块化供水"并非传统意义上的根据城市地形而进行的分区供水。区块化供水是在管网建模的基础上，根据水源性质、数量、位置、地形、现有管网的规模等，将管网分割成若干个相对独立的区域，每个区域由专门的输水干管或输水支管供水，如图 10-18 所示。

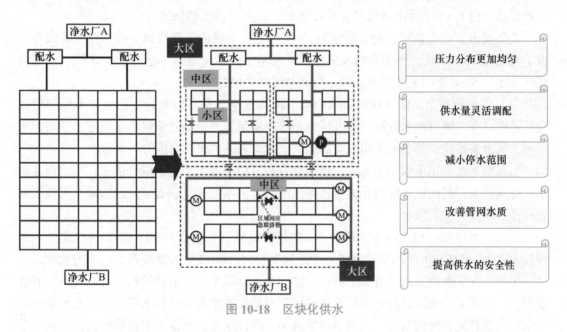

图 10-18　区块化供水

实施区块化供水后，供水区域内管网的压力分布更加均匀，从而降低漏失，减小能耗，管网末梢水压不足的问题也可得到缓解；可灵活地对区域间进行供水量的调配，提高整个供水系统的运行效率；管网维修，清洗，更新，爆管事故时可减小停水范围；由于缩短了水在管道内的停留时间，也可以改善管网水质，降低消毒剂的投量，从而降低消毒副产物的生成量；由于各供水区域间设有阀门，当发生水质事故或其他突发事故时，可立即关闭事故所在区域与相邻区域间的阀门，以减小事故影响范围，从而提高供水的安全性。

管网区块化是一个系统工程，需要规划、设计和投资，应根据管网系统的现状和发展，逐步实施。区块化供水将是我国供水管网系统的发展方向，其相关理论、标准和实践仍有待进一步探讨。

8. 二次供水

二次供水是指：当民用和工业建筑生活用水对水压、水量的要求超过城市公共供水或自建设施供水管网能力时，通过储存、加压等设施经管道供给用户或自用的供水方式。二次供水设施包括：用于二次供水的泵房、水池或水箱、阀门、电控装置、消毒设施、供水管道等。

《城镇供水管网运行、维护及安全技术规程》CJJ 207 中规定：城镇供水管网的服务压力，应根据当地实际情况，通过技术经济分析论证后确定。城镇地形变化较大时，服务压力可划区域核定。

若某小镇均为平房，则供水管网的服务压力达 12m 水柱就能满足居民用水及消防用水的需要。

若某小城市均为 5～6 层的多层建筑，供水管网的服务压力可在 12～28m 水柱间选择，若服务压力达 28m 水柱，则所有建筑群均不需设屋顶水箱，就能满足居民的用水需要；若白天服务压力仅 16m 水柱，夜间可达 30m 水柱，则多数建筑物设屋顶水箱，夜间屋顶水箱充水，白天 1～2 层由城市供水管网供水，3～6 层由水箱供水。

若某城市多数为高层、超高层建筑，部分为 5～6 层的多层建筑，供水管网的服务压力不宜超过 35m 水柱，因为水嘴及卫生器具能承受的水压通常不超过 35m 水柱，高层及超高层建筑 5～6 层以上的用水，以二次供水的方式较好。

为了供水的安全，设计规范要求供水管网按最高日最高时设计，但这并不是硬性规定。长期以来，城市供水管网的服务压力都是以满足普通低层建筑供水来设定水厂的供水压力，城市多数建筑都必须采用二次加压供水方式来满足建筑物内的供水需求。

二次供水可采用下列供水方式：增压设备和高位水池（水箱）联合供水；变频调速供水；叠压供水，利用供水管网压力直接增压的二次供水方式，也有采用稳压罐的无负压的叠压供水模式；气压供水。

二次供水设施的相关要求应符合《二次供水设施卫生规范》GB 17051、《二次供水工程技术规程》CJJ 140、《建筑给水排水设计标准》GB 50015 等最新规范和标准的规定。

采用二次供水的方式具有如下特点：输配水干管以平均流速输配水，管径较小，节省投资；输配水干管流速偏高，相对水龄较短，水质保证率高；高位水库、水池及水箱夜间储水，白天补充管网的负荷，达到节能的效果；高位水库、水池及水箱的储水，在突发事件时期可作为宝贵的水源。

课后题

第 10 章
练一练
选择题
扫码做

一、单选题

1. 当金属管道需要内防腐时，宜首先考虑（　　）衬里。

A. 水泥砂浆　　　　　　　B. 混凝土

C. 石棉水泥　　　　　　　　　　　　　D. 膨胀性水泥

2. 关于给水管道的腐蚀，下列叙述有误的一项是（　　　）。

A. 腐蚀是金属管道的变质现象，其表现方式有生锈、坑蚀、结瘤、开裂或脆化等

B. 按照腐蚀过程的机理，可分为没有电流产生的化学腐蚀，以及因形成原电池而产生电流的电化学腐蚀（氧化还原反应）

C. 给水管网在水中和土壤中的腐蚀，以及流散电流引起的腐蚀，都是化学腐蚀

D. 一般情况下，水中含氧越高，腐蚀越严重

3. 下列叙述有误的一项是（　　　）。

A. 水的 pH 明显影响金属管道的腐蚀速度，pH 越低，腐蚀越快，中等 pH 时不影响腐蚀速度，高 pH 时因金属管道表面形成保护膜，腐蚀速度减慢

B. 水的含盐量过高，则腐蚀会加快

C. 水流速度越小，腐蚀越快

D. 海水对金属管道的腐蚀远大于淡水

4. 用于给水干管外防腐的通入直流电的阴极保护方法的正确做法应是（　　　）。

A. 铝镁等阳极材料通过导线接至钢管

B. 废铁通过导线连电源正极，钢管通过导线连电源负极

C. 废铁通过导线连电源负极，钢管通过导线连电源正极

D. 铜通过导线连电源负极，钢管通过导线连电源正极

5. 防止给水管道腐蚀的方法不包括（　　　）。

A. 采用非金属管材，如预应力或自应力钢筋混凝土管、玻璃钢管、塑料管等

B. 金属管内壁喷涂涂料、水泥砂浆、沥青等，以防止金属和水接触而产生腐蚀

C. 根据土壤和地下水性质，金属管外壁采取涂保护层防腐

D. 阳极保护措施

6. 水泵的选择应符合节能要求，当供水量和水压变化较大时，宜选用叶片角度可调、机组（　　　）或交换叶轮等措施。

A. 并联　　　　　　　　　　　　　　　B. 串联

C. 备用　　　　　　　　　　　　　　　D. 调速

二、思考题

1. 保持管网水质可采取什么措施？

2. 金属管道经常容易发生腐蚀，防止给水管道腐蚀的方法有哪些？

3. 如何发现管网漏水部位？

4. 管线中的流量如何测定？

5. 旧水管如何恢复供水能力？

第 10 章
课后题
答案

第 11 章
给水管网的计算机应用

　　通过前面的学习我们已经知道，在给水管网的设计计算、运行维护等过程中，都需要进行管网的平差计算，在已有设计资料的基础上，通过计算分析，可以大致确定管网中各管段的流量、流速、节点压力等信息。我们也学习了管网计算的理论、方法，为了更好的理解管网计算的基本理论，前面的计算过程多是以人工手算为例，我们在学习过程中发现，人工手算很复杂、易出错，且实际管网规模庞大，应用计算机来进行管网计算已成为必然。本章就针对前面学习的管网计算理论方法，对环方程法、管段方程法，应用计算机计算来实现管网计算。

11.1 哈代－克罗斯法

哈代－克罗斯法是经典的环方程组解法，该方法的方程阶数低，比较适合人工手算。

1. 计算流程

哈代－克罗斯法的计算分两部分，第一，进行管段流量的初分，这里的流量分配是一个方程组解集的形式，分配方法有无穷多种，但每个节点都应满足连续性方程式（5-19）的要求。第二，基于初分流量进行迭代计算，使每个环都满足能量方程式（5-20）的要求。因此，哈代－克罗斯法是将两个约束条件进行了拆分，先满足流量平衡的要求，再以此为基础，通过迭代修正来满足能量方程的要求，简化每一步计算的复杂程度。

哈代－克罗斯法的计算流程如下：

① 流量初分；

② 计算各环初始闭合差 Δh；

③ 根据 Δh 和校正流量 Δq，得到修正后的流量，用该组流量值替换之前的流量值，得到新解。此时完成一次迭代；

④ 计算新的 Δh，若满足误差要求，则平差结束。若不满足，则返回步骤③，反复计算，直到满足精度要求为止。

哈代－克罗斯法的程序框图如图 11-1 所示。

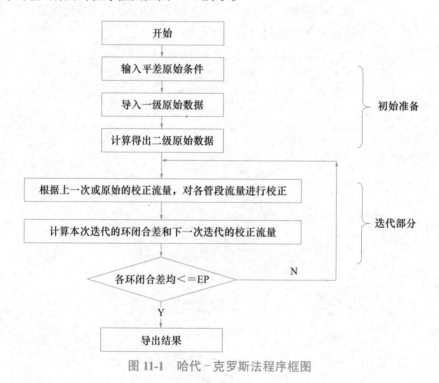

图 11-1　哈代－克罗斯法程序框图

2. 程序代码编写

以第 6 章【例 6-2】为例，采用 Python 程序语言编写计算机程序。该程序包括三部分：

（1）数据输入：输入管段的管径、管长、摩阻等信息；

（2）迭代计算：利用循环语句来实现；

（3）数据输出：每次迭代后均输出本次迭代结果，并在最后输出最终结果，输出信息包括：管段流量、水头损失等，也可自行添加其他输出信息。

程序源代码如下：

```python
import numpy as np
# 输入平差原始条件
EP=0.5  # 手动输入需要的闭合差，即精度值
Loop=4  # 手动输入环数，这里为 4
Pipe=12 # 输入管段数，这里为 12
KO=0    # 平差计算的迭代次数，初始为 0
k=0     # 用于循环条件判定的量，初始为 0


def sgn(x): # 定义阶跃函数，输出 -1、1、0 三种值来表示水流方向
    if x<0:
        return -1
    elif x==0:
        return 0
    else:
        return 1


# 从软件导入原始数据
L=[760,850,400,400,400,700,850,350,350,350,700,850]
# 按照编号顺序，依次导入每根管的长度（单位：m）
d=[150,250,150,150,300,250,300,150,150,300,150,250]
# 按照编号顺序，依次导入每根管的管径（单位：mm）
q=[0.012,0.0396,0.004,0.004,0.0596,0.0316,
    0.0764,0.004,0.004,0.0582,0.0128,0.039]
# 按照编号顺序，依次导入每根管的流量绝对值（单位：m³/s）
IO=[-1,-2,1,-1,-2,1,2,-3,3,4,3,4]
 # 按照编号顺序，依次导入每根管的本环编号
JO=[0,0,0,2,0,-3,-4,0,-4,0,0,0]
# 按照编号顺序，依次导入每根管的邻环编号
s=[34583.33,2474.24,22500,22500,433.54,2113.04,
    885.74,20000,20000,377.89,31311.04,2478.63]
# 按照编号顺序，依次导入每根管的摩阻
```

```
# 用列表存储程序计算得出的二次数据
IO1=[]# 表示方向的单位量，只有 -1 和 1 两种值，实质即为 IO 的 sgn 阶跃函数
h=[] # 每段管的水头损失绝对值
q1=[] # 即为加上了正负号的流量 q，表明了水流方向
F=[] # 每个环的闭合差
R=[] # 每个环的∑ (sq) 值
DQ=[] # 每个环的校正流量（单位：m³/s）

# 计算初始的水头损失绝对值 h、带正负号的流量 q1 和单位向量 IO1
for i in range(0,Pipe):
    # 计算每段管的水头损失绝对值
    h1=s[i]*q[i]*q[i]
    h.append(h1)# 将结果填入 h 列表中
    # 将 q 中的流量以正负号形式表示水流方向
    IO2=int(sgn(IO[i]))
    IO1.append(IO2)# 将结果填入 IO1 列表中
    q2=q[i]*IO2
    q1.append(q2)# 将结果填入 q1 列表中
# 计算初始的∑ (sq) 值 R、闭合差 F 和校正流量 DQ，并导入列表
for j in range(0,Loop):
    f=0
    r=0
    for i in range(0,Pipe):
        if abs(IO[i])-1==j:
            f=f+h[i]*sgn(q1[i])
            r=r+s[i]*q[i]*1000
        elif abs(JO[i])-1==j:
            f=f-h[i]*sgn(q1[i])
            r=r+s[i]*q[i]*1000
        else:
            continue
    F.append(f)
    R.append(r)
    dq=(-1)*F[j]*1000000/(2*R[j])
    DQ.append(dq)

# 前面确定各项初始数据后，开始迭代计算
```

while k + 1 <= Loop: # 实现反复迭代计算的循环语句，第一次迭代调用的数据均为上面的
初始值
使用上一次迭代得到的校正流量 DQ，来计算修正后的流量 q
```
    for i in range(0,Pipe):
        if JO[i]==0:
            q1[i]=q1[i]+DQ[abs(IO[i])-1]/1000
        else:
            q1[i]=q1[i]+DQ[abs(IO[i])-1]/1000-DQ[abs(JO[i])-1]/1000
        q[i]=abs(q1[i])# 将修正后 q 的结果替换上一次的流量 q
    for i in range(0,Pipe):
        # 计算每段管的水头损失绝对值
        h[i]=s[i]*q[i]*q[i]
```
计算本次迭代修正后的闭合差 F 和 ∑(sq) 值，再利用这两个值求出下一次迭代的校正流
量 DQ
```
    for j in range(0,Loop):
        f=0
        r=0
        for i in range(0,Pipe):
            if abs(IO[i])-1==j:
                f=f+h[i]*sgn(q1[i])
                r = r + s[i] * q[i] * 1000
            elif abs(JO[i])-1==j:
                f=f-h[i]*sgn(q1[i])
                r = r + s[i] * q[i] * 1000
            else:
                continue
        F[j] = f
        R[j] = r
        DQ[j] = (-1) * F[j] * 1000000 / (2 * R[j])
```
将每次迭代后的结果打印出来（也可以选择不打印每步结果，只打印最终结果）
```
    print('第 %d 次迭代后的闭合差如下 ' % (KO + 1))
    print(np.round(F,4))
    print('第 %d 次迭代后的流量如下 ' % (KO + 1))
    print(np.round(q1,2))
```

判断闭合差 F 是否满足初设精度值 EP 的要求
如果所有环都满足要求，就可以利用 k 值，同时退出本次循环以及迭代大循环

```
        k = 0
        for j in range(0,Loop):
            if abs(F[j])<=EP:
                k+=1
            else:
                break
        KO+=1 # 表示迭代计算的次数，每次迭代完成后加一
```

```
# 将平差计算的最终结果打印出来
print("各管段第 %d 次迭代修正后的流量如下" %KO)
print(np.round(q1,4))
print('迭代次数 =%d' %KO)
print('各管段第 %d 次迭代修正后的水头损失如下 ' %KO)
print(np.round(h,2))
print('各环第 %d 次迭代的闭合差如下 ' %(KO))
print(np.round(F,4))
print('迭代结束，各环闭合差均满足精度值 EP 的要求')
```

程序输出结果如下：
第 1 次迭代后的闭合差：
[0.2182   -0.3756   -0.1915   0.2035]
第 1 次迭代后的流量：
[-0.01 -0.04 0.01 -0.0 -0.06 0.04 0.08 -0.01 0.0 0.06 0.01 0.04]
各管段第 1 次迭代修正后的流量：
[-0.0098 -0.0398 0.0062 -0.0016 -0.0598 0.0362 0.0754 -0.0064 0.0008 0.059
0.0104   0.0398]
迭代次数 =1
各管段第 1 次迭代修正后的水头损失：
[3.34 3.92 0.86 0.06 1.55 2.77 5.03 0.82 0.01 1.32 3.38 3.93]
各环第 1 次迭代的闭合差：
[0.2182   -0.3756   -0.1915   0.2035]
迭代结束，各环闭合差均满足精度值 EP 的要求。

可见，在闭合差设置为 0.5 的条件下，仅进行了一次迭代就完成了计算，计算结果与手动计算结果相同。若将闭合差调整至 0.01，则迭代次数增加到 5 次，计算结果也更加准确，计算结果如下：
各管段第 5 次迭代修正后的流量：
[-0.0099 -0.0391 0.0061 -0.0024 -0.0591 0.0359 0.0763 -0.0063 0.0012 0.0588

0. 0105　0.0396]

迭代次数 =5

各管段第 5 次迭代修正后的水头损失：

[3.42　3.78　0.83　0.13　1.51　2.73　5.16　0.78　0.03　1.31　3.48　3.88]

各环第 5 次迭代的闭合差：

[0.0036　-0.006　-0.0034　0.0036]

迭代结束，各环闭合差均满足精度值 EP 的要求。

11.2　管段方程组法

在使用哈代-克罗斯法进行迭代时，能量方程为非线性方程，普遍存在收敛时间较长的问题，在计算复杂大型管网时尤为明显。采用线性理论法可以大大提高计算效率，而管段方程组可用线性理论法求解。此外，在管段方程法中，最初的流量设置不需要满足连续性方程的要求，而是在迭代计算中不断修正，降低了工作量。

管段方程法也是通过连续性方程（式 5-19）和能量方程（式 5-20）来求解，但与哈代-克罗斯法不同的是，管段方程组通过定义迭代变量 r_{ij} 将 L 个非线性的能量方程转化为线性（式 6-17），再与 $J-1$ 个独立的连续性方程联立，构成 $J-1+L=P$ 个线性方程，可用线性代数法求解，得到 P 个管段流量。

1. 计算流程

仍以第 6 章算例【例 6-2】为例，采用 Python 程序语言编写计算机程序，具体步骤如下：

① 导入节点流量和管段信息，如式（11-1）、式（11-2）所示，设置最大误差限 ε。

$$Q=[\text{节点流量}]=[16.0\quad 31.16\quad 20.0\quad 23.6\quad 36.8\quad 25.8\quad 16.8\quad 30.2\quad 19.2] \tag{11-1}$$

$$L=\begin{bmatrix} \text{管段编号} & \text{流出节点} & \text{流入节点} & \text{管径} & C\text{值} & \text{管长} \\ 1 & 2 & 1 & 150 & 130 & 760 \\ 2 & 3 & 2 & 250 & 130 & 850 \\ 3 & 4 & 1 & 150 & 130 & 400 \\ 4 & 5 & 2 & 150 & 130 & 400 \\ 5 & 6 & 3 & 300 & 130 & 400 \\ 6 & 5 & 4 & 250 & 130 & 700 \\ 7 & 6 & 5 & 300 & 130 & 850 \\ 8 & 4 & 7 & 150 & 130 & 350 \\ 9 & 5 & 8 & 150 & 130 & 350 \\ 10 & 6 & 9 & 300 & 130 & 350 \\ 11 & 8 & 7 & 150 & 130 & 700 \\ 12 & 9 & 8 & 250 & 130 & 850 \end{bmatrix} \tag{11-2}$$

② 设置管段与各环的 $L\times P$ 关联矩阵式如式（11-3）所示、管段和各节点的 $(J-1)\times$

P 关联矩阵式如式（11-4）所示。进一步构造系数矩阵 B 式如式（11-5）所示、解向量 Q_append 式如式（11-6）所示，并进行方程组求解。

$$C_{\text{para}} = \begin{bmatrix} \text{关联系数（管段在此环中为顺时针流动设为 } 1\times r_{ij}\text{，逆时针设为} \\ -1\times r_{ij}\text{，不在此环中设为 0，案例中一共有 4 个环，12 根管段）} \end{bmatrix}$$

$$= \begin{bmatrix} -r_{ij} & 0 & r_{ij} & -r_{ij} & 0 & r_{ij} & 0 & 0 & 0 & 0 & 0 & 0 \\ 0 & -r_{ij} & 0 & r_{ij} & -r_{ij} & 0 & r_{ij} & 0 & 0 & 0 & 0 & 0 \\ 0 & 0 & 0 & 0 & 0 & -r_{ij} & 0 & -r_{ij} & r_{ij} & 0 & r_{ij} & 0 \\ 0 & 0 & 0 & 0 & 0 & 0 & -r_{ij} & 0 & -r_{ij} & r_{ij} & 0 & r_{ij} \end{bmatrix} \quad (11\text{-}3)$$

$$N_{\text{para}} = \begin{bmatrix} \text{关联系数（管段在此节点的流向，流入为负，流出为正。不连接} \\ \text{此节点则设为 0，案例中一共有 9 个节点，故有 8 个独立方程）} \end{bmatrix}$$

$$= \begin{bmatrix} -1 & 0 & -1 & 0 & 0 & 0 & 0 & 0 & 0 & 0 & 0 & 0 \\ 1 & -1 & 0 & -1 & 0 & 0 & 0 & 0 & 0 & 0 & 0 & 0 \\ 0 & 1 & 0 & 0 & -1 & 0 & 0 & 0 & 0 & 0 & 0 & 0 \\ 0 & 0 & 1 & 0 & 0 & -1 & 0 & 1 & 0 & 0 & 0 & 0 \\ 0 & 0 & 0 & 1 & 0 & 1 & -1 & 0 & 1 & 0 & 0 & 0 \\ 0 & 0 & 0 & 0 & 1 & 0 & 1 & 0 & 0 & 1 & 0 & 0 \\ 0 & 0 & 0 & 0 & 0 & 0 & 0 & -1 & 0 & 0 & -1 & 0 \\ 0 & 0 & 0 & 0 & 0 & 0 & 0 & 0 & -1 & 0 & 1 & -1 \end{bmatrix} \quad (11\text{-}4)$$

$$B = \begin{bmatrix} N_{\text{para}} \\ C_{\text{para}} \end{bmatrix}$$

$$= \begin{bmatrix} -1 & 0 & -1 & 0 & 0 & 0 & 0 & 0 & 0 & 0 & 0 & 0 \\ 1 & -1 & 0 & -1 & 0 & 0 & 0 & 0 & 0 & 0 & 0 & 0 \\ 0 & 1 & 0 & 0 & -1 & 0 & 0 & 0 & 0 & 0 & 0 & 0 \\ 0 & 0 & 1 & 0 & 0 & -1 & 0 & 0 & 0 & 0 & 0 & 0 \\ 0 & 0 & 0 & 1 & 0 & 1 & -1 & 0 & 1 & 0 & 0 & 0 \\ 0 & 0 & 0 & 0 & 1 & 0 & 1 & 0 & 0 & 1 & 0 & 0 \\ 0 & 0 & 0 & 0 & 0 & 0 & 0 & -1 & 0 & 0 & -1 & 0 \\ 0 & 0 & 0 & 0 & 0 & 0 & 0 & 0 & -1 & 0 & 1 & -1 \\ -r_{ij} & 0 & r_{ij} & -r_{ij} & 0 & r_{ij} & 0 & 0 & 0 & 0 & 0 & 0 \\ 0 & -r_{ij} & 0 & r_{ij} & -r_{ij} & 0 & r_{ij} & 0 & 0 & 0 & 0 & 0 \\ 0 & 0 & 0 & 0 & 0 & -r_{ij} & 0 & -r_{ij} & r_{ij} & 0 & r_{ij} & 0 \\ 0 & 0 & 0 & 0 & 0 & 0 & -r_{ij} & 0 & -r_{ij} & r_{ij} & 0 & r_{ij} \end{bmatrix} \quad (11\text{-}5)$$

$$Q\_append = \begin{bmatrix} \text{前 } J-1 \text{ 个节点流量（节点流量平衡）} & L \text{ 个零值（压降平衡）} \end{bmatrix}^T$$
$$= \begin{bmatrix} 16.0 & 31.16 & 20.0 & 23.6 & 36.8 & 25.8 & -219.8 & 16.8 & 30.2 \\ 19.2 & 0 & 0 & 0 & 0 \end{bmatrix}^T \quad (11\text{-}6)$$

③ 初设管段流量 $q_{ij}^{(0)}$，拟全部设为 1，设置迭代次数 $K=0$。

④ 进行迭代求解，$K=K+1$。由式（式 6-17）计算 r_{ij}，根据每管段 r_{ij} 的计算结果来

更新系数矩阵 B。每次计算都得到一组特解 $q_{ij}^{(K)}$，判定新解 $q_{ij}^{(K)}$ 与上一次的解 $q_{ij}^{(K-1)}$ 之间所得的管段流量之差的最大绝对值与最大误差限 ε 的关系。

若 $|$前后两次计算所得的管段流量之差$|_{max} < \varepsilon$，则认为求解已收敛，接受解 $q_{ij}^{(K)}$ 为最终的管段流量 q_{ij}，反之，则重新计算。

⑤ 在迭代过程中，为了解决每次所得的解总是在最终解附近摆动的问题，可以利用多点迭代法进行改进，在这里，我们令每次新设置的流量为前两次的解的平均值，校正后的流量如式（11-7）所示：

$$q_{ij}^{(n+1)} = (q_{ij}^{(n)} + q_{ij}^{(n-1)})/2 \tag{11-7}$$

2. 程序代码编写

该程序包括四部分：

（1）数据输入，输入节点流量、管段管径、管长、C 值等信息；

（2）构造线性方程组，通过关联矩阵构建系数矩阵；

（3）进行迭代计算，利用循环语句来实现；

（4）数据输出，输出信息包括：管段流量、水头损失等，也可自行添加其他输出信息。

程序源代码如下：

```python
import numpy as np
from scipy import linalg
import time


start = time.time()
Q_in = 219.8
in_num = 6    # 节点 6 与输水管相连
Q_join = np.array([16, 31.6, 20, 23.6, 36.8,
25. 8, 16.8, 30.2, 19.2])    # 输入节点流量
Q_join[in_num - 1] = Q_join[in_num - 1] - Q_in
# 在节点 6 处扣除总输入流量


# 输入管段信息
links = np.array([[1, 2, 1, 150, 130, 760],
                  [2, 3, 2, 250, 130, 850],
                  [3, 4, 1, 150, 130, 400],
                  [4, 5, 2, 150, 130, 400],
                  [5, 6, 3, 300, 130, 400],
                  [6, 5, 4, 250, 130, 700],
                  [7, 6, 5, 300, 130, 850],
                  [8, 4, 7, 150, 130, 350],
                  [9, 5, 8, 150, 130, 350],
```

```
                    [10, 6, 9, 300, 130, 350],
                    [11, 8, 7, 150, 130, 700],
                    [12, 9, 8, 250, 130, 850]])
# 构建管段与各环的关联矩阵，这里 r 值暂时不考虑，用 1 代替
circles = np.array([[-1, 0, 1, -1, 0, 1, 0, 0, 0, 0, 0, 0],
                    [0, -1, 0, 1, -1, 0, 1, 0, 0, 0, 0, 0],
                    [0, 0, 0, 0, 0, -1, 0, -1, 1, 0, 1, 0],
                    [0, 0, 0, 0, 0, 0, -1, 0, -1, 1, 0, 1]])


EPS = 0.01     # 迭代的误差限
max_try = 50 # 最大迭代次数，预防不收敛导致的死循环


# 用海森—威廉公式定义 r 值
def H_W(flow, length, Diameter, rough, n = 1.852):
    # 计算 sq^(n-1) 作为系数（参考 Hazen-Williams 公式）
    para_ex = 10.67 * (abs(flow / 1000) ** (n-1)) * length / (rough ** n) / ((Diameter / 1000) ** 4.87) / 1000

    return para_ex
# 初设流量，这里可以直接全部设为 1
def Q_init(links):
    ## 另一种按照初设管径初分流量的方法
    # Q_0 = []
    # sticky = 1.0050 * 10 ** (-3)
    # rou = 10 ** 3
    # num = links.shape[0]
    # for i in range(num):
    # q_i_0 = 2 * (10 ** 5) * sticky * np.pi * (links[i][3]) / 4 / rou
    # Q_0.append(q_i_0)
    Q_0 = [1,1,1,1,1,1,1,1,1,1,1,1]
    return Q_0
# 以下开始构建系数矩阵
links_num = links.shape[0] # 管段数量 P，这里为 12
joint_num = Q_join.shape[0] # 节点数量 J，这里为 9
Q = np.array(Q_init(links)).reshape(1, links_num)
Q_err = np.zeros(links_num) + 1
Q_next = Q
EPS_matrix = []
```

```
for k in range(links_num):
    EPS_matrix.append(EPS)
EPS_matrix = np.array(EPS_matrix).reshape(1, links_num)


B = np.array(np.zeros(shape=(links_num, links_num)))
# 定义一个 P 行 P 列的全零系数矩阵 B（这里的 P 即为管段数 12）


# 设置系数矩阵 B 的前 J-1 行 P 列（8×12），即先设置好连续性方程组
for i in range(joint_num - 1):
    for j in range(links_num):
        if links[j][1] == i + 1:
            B[i][j] = 1
        elif links[j][2] == i + 1:
            B[i][j] = -1
        else:
            B[i][j] = 0
# 设置解向量
Q_append = list(Q_join[0:-1])
for k in range(links_num - joint_num + 1):
    Q_append.append(0)
Q_append = -1 * np.array(Q_append).reshape(links_num, 1)


# 开始迭代求解
try_num = 0
while (abs(Q_err) >= EPS_matrix).any() and try_num <= max_try:
    for i in range(joint_num - 1, links_num):
        for j in range(links_num):
    # 计算 r 值并设置系数矩阵 B 的后 L 行 P 列（4×12），即设置好能量方程组
            B[i][j] = circles[i - joint_num - 1][j] * H_W(Q[0][j], links[j][5], links[j][3], links[j][4])
    Q_next = linalg.solve(B, Q_append)
    Q_next = Q_next.T
    Q = (Q_next + Q) / 2 # 使用多点迭代法校正流量
    Q_err = Q_next - Q
    try_num += 1
stop = time.time()
print('程序用时：'+str(1000*(stop - start))+'ms')
print('总迭代次数：'+str(try_num))
```

```
print(' 各管段流量：')
print(np.round(Q,2))
```

输出结果如下：

程序用时：2.757549285888672ms

总迭代次数：13

各管段流量：

[[9.95 39.3 6.04 2.25 59.3 35.93 75.73 6.29 0.75 58.95 10.51 39.95]]

可见，在误差限值为 0.01 的情况下，一共进行了 13 次迭代，总用时约 2.75ms，在精度要求较高的条件下，管段方程组法仍可保证较快的运算速度，计算效率较高。

11.3 流量初步分配方法

初分流量是管网平差计算前重要的准备工作之一，尤其是在使用环方程组解法进行平差时，初分流量对后续计算的准确度影响较大，即使是对于不必考虑初分流量的管段方程组法，一组合理的初分流量也会有效降低后续求解的迭代次数，减少运算量，这在大型管网的计算中具有一定的实际意义。

1. 计算流程

手动分配流量可参考【例 6-2】解中的流量分配过程。使用计算机进行流量初步分配，可采用 Python 程序语言编写计算机程序，该程序的原理是在 $J-1$ 个独立的连续性方程基础上，增加"各管段水头损失之和最小"等约束条件，使得方程能够求出唯一解，该唯一解并不一定同时满足连续性方程和能量方程两个条件，但一定满足连续性方程的要求。

仍以第 6 章算例【例 6-2】为例，具体步骤如下：

① 导入实际的节点流量、与节点相邻的管段数和各管段的起始终止节点编号，并建立 $J \times J$ 系数矩阵 B 如式（11-8）所示。

$$B = \begin{bmatrix} \text{对角线元素为与各节点相连的管段数（不含输水管）} \\ \text{其余元素为关联系数，若两节点相邻则为} -1\text{，否则为} 0 \end{bmatrix}$$

$$= \begin{bmatrix} 2 & -1 & 0 & -1 & 0 & 0 & 0 & 0 & 0 \\ -1 & 3 & -1 & 0 & -1 & 0 & 0 & 0 & 0 \\ 0 & -1 & -2 & 0 & 0 & -1 & 0 & 0 & 0 \\ -1 & 0 & 0 & -3 & -1 & 0 & -1 & 1 & 0 \\ 0 & -1 & 0 & -1 & 4 & -1 & 0 & -1 & 0 \\ 0 & 0 & 1 & 0 & -1 & 3 & 0 & 0 & -1 \\ 0 & 0 & 0 & -1 & 0 & 0 & 2 & -1 & 0 \\ 0 & 0 & 0 & 0 & -1 & 0 & -1 & 3 & -1 \\ 0 & 0 & 0 & 0 & 0 & -1 & 0 & -1 & 2 \end{bmatrix} \quad (11-8)$$

② 根据系数矩阵 B 构建 J 元非齐次线性方程组，但由于连续性方程组的独立方程数量仅为 $J-1$ 个，因此需要随机删除一行一列才能求解，这里选择删除与输水管相连的节点 6，该节点存在流量输入，实际流量为 -194.0，最终求解线性方程组式（11-9）：

$$
\begin{bmatrix}
2 & -1 & 0 & -1 & 0 & 0 & 0 & 0 & 0 \\
-1 & 3 & -1 & 0 & -1 & 0 & 0 & 0 & 0 \\
0 & -1 & -2 & 0 & 0 & -1 & 0 & 0 & 0 \\
-1 & 0 & 0 & -3 & -1 & 0 & -1 & 1 & 0 \\
0 & -1 & 0 & -1 & 4 & -1 & 0 & -1 & 0 \\
0 & 0 & -1 & 0 & -1 & 3 & 0 & 0 & -1 \\
0 & 0 & 0 & -1 & 0 & 0 & 2 & -1 & 0 \\
0 & 0 & 0 & -1 & 0 & -1 & 3 & -1 \\
0 & 0 & 0 & 0 & -1 & 0 & -1 & 2
\end{bmatrix}
\cdot
\begin{bmatrix}
q1 \\ q2 \\ q3 \\ q4 \\ q5 \\ q6 \\ q7 \\ q8 \\ q9
\end{bmatrix}
=
\begin{bmatrix}
16.0 \\ 31.6 \\ 20.0 \\ 23.6 \\ 36.8 \\ 194.0 \\ 16.8 \\ 30.2 \\ 19.2
\end{bmatrix}
$$

$$
\begin{bmatrix}
2 & -1 & 0 & -1 & 0 & 0 & 0 & 0 \\
-1 & 3 & -1 & 0 & -1 & 0 & 0 & 0 \\
0 & -1 & -2 & 0 & 0 & 0 & 0 & 0 \\
-1 & 0 & 0 & -3 & -1 & -1 & 1 & 0 \\
0 & -1 & 0 & 0 & 4 & 0 & -1 & 0 \\
0 & 0 & 0 & -1 & 0 & 2 & -1 & 0 \\
0 & 0 & 0 & 0 & -1 & -1 & 3 & -1 \\
0 & 0 & 0 & 0 & 0 & 0 & -1 & 2
\end{bmatrix}
\cdot
\begin{bmatrix}
q1 \\ q2 \\ q3 \\ q4 \\ q5 \\ q7 \\ q8 \\ q9
\end{bmatrix}
=
\begin{bmatrix}
16.0 \\ 31.6 \\ 20.0 \\ 23.6 \\ 36.8 \\ 16.8 \\ 30.2 \\ 19.2
\end{bmatrix}
$$

$$\text{（11-9）}$$

式中，q_i——节点 i 的特征流量，管段流量 $q_{ij}=q_j-q_i$。

③ 根据求得的节点特征流量，计算出各管段的初分流量，由于节点 6 未参与求解，所以与之相连的管段流量暂时未知。

④ 根据管网连接状况，反推得到未知的管段流量。

2. 程序代码编写

程序源代码如下：

```python
import numpy as np
N=9 # 节点数量
P=12 # 管段数量
q=[16,31.6,20,23.6,36.8,-194.0,16.8,30.2,19.2] # 节点流量
B=[2,3,2,3,4,3,2,3,2] # 与节点相邻的管段数
start=[2,3,4,5,6,5,6,4,5,6,8,9] # 管段起始节点
end=[1,2,1,2,3,4,5,7,8,9,7,8] # 管段结束节点
list=[]
q1=[]
```

```
X=[]
G=[]

for j in range(0,P):
    group1=[start[j],end[j]]
    group2=[end[j],start[j]]
    G.append(group1)
    G.append(group2)

# 定义系数矩阵 B，用列表形式表示
for i in range(0,N):
    k=[]
    for j in range(0,N):
        if i==j:
            b=B[i]
        elif [i+1, j+1] in G:
            b=-1
        else:
            b=0
        k.append(b)
    list.append(k)

# 去除系数矩阵 B 的单行单列
for i in range(0,N):
    if q[i]<=0:
        m=i
        break
    else:
        continue
Q=np.array(q)
A=np.array(list)
Q=np.delete(Q,m,axis=0)
A=np.delete(A,m,axis=0)
A=np.delete(A,m,axis=1)
# 求解节点特征流量
x=np.linalg.solve(A,Q)
for i in range(0,N-1):
```

```
        x1=x[i]
        X.append(x1)
X.insert(m,'未知')


# 根据节点特征流量推算已知的管段流量
for i in range(0,P):
    if end[i]-1==m or start[i]-1==m:
        q2='未知'
    else:
        q2=X[end[i]-1]-X[start[i]-1]
    q1.append(q2)


# 推算与输水管相连的未知管段流量
for i in range(0,P):
    if start[i]-1==m:  # 依次找到所有与这个被扣除的节点相连的未知管段（从输水管流出）
        An = []
        for j in range(0,P):
# 找到和这根未知管段相连的其他管，并根据它们的流量来计算未知管段的流量
            if end[j]==end[i] and start[j]!=m+1 and end[j]!=m+1:
                an=-q1[j]
            elif start[j]==end[i] and start[j]!=m+1 and end[j]!=m+1:
                an=q1[j]
            else:
                an=0
            An.append(an)
        a=end[i]-1
        q1[i]=sum(An)+q[a]
    if end[i]-1==m:
# 依次找到所有与这个被扣除的节点相连的未知管段（流向输水管）
        An = []
        for j in range(0,P):
# 找到和这根未知管段相连的其他管，并根据它们的流量来计算未知管段的流量
            if end[j]==start[i] and start[j]!=m+1 and end[j]!=m+1:
                an=q1[j]
            elif start[j]==start[i] and start[j]!=m+1 and end[j]!=m+1:
                an=-q1[j]
            else:
```

```
                    an=0
                An.append(an)
            a=start[i]-1
            q1[i]=sum(An)-q[a]
        else:
            continue
print(np.round(q1,2))
```

输出结果如下：
[15.28 36.37 0.72 10.52 56.37 25.08 82.22 0.77 9.82 55.62 16.03 36.42]

将这个初分流量结果代入管段方程组法的程序中运行，结果如下：
程序用时：2.000093460083008ms
总迭代次数：5
各管段流量：
[[9.96 39.31 6.04 2.25 59.31 35.94 75.74 6.29 0.75 58.96 10.51 39.95]]

可见，进行初分流量后，在其他设置不变的情况下，线性方程组的迭代次数从 13 次降低到了 5 次，求解次数减少了 7 次。在较大管网规模的情况下，合理的初分流量对整体运算效率的提升会更加明显。

11.4 给水管网的软件计算

1. 使用 EPANET 软件计算

本节以 EPANET 软件为例，仍以第 6 章【例 6-2】为例，具体步骤如下：

① 缺省设置：打开 EPANET 后，首先在菜单条的 Project 里选择 Defaults，进行工程的缺省设置。在该工具栏中，可设置节点、管道等的 ID 前缀；管径、粗糙系数等的默认值；以及设置需水量单位、选择水头损失公式，调整最大迭代次数等。这里，我们将流量单位设为 LPS（L/s），水头损失公式选择海曾－威廉（H-W），其余的选项可不做修改，如图 11-2 所示。

② 管网拓扑结构：可通过 INP 格式文件导入，或直接在 EPANET 中绘制得到管网。在 INP 格式文件中，管网拓扑结构是通过节点坐标和点线关系来描述的，可通过 CAD 的提取点线数据等功能来建立文件。【例 6-2】中的管网比较简单，我们可直接手绘得到，如图 11-3 所示。

③ 属性设置：设置管段、节点等组件的属性，由于这里是手绘管网，所以管道的长度（m）、管径（mm）、节点需水量（L/s）、节点标高（m）等关键信息需手动输入，双击组件即可打开属性编辑器。这里，节点标高均设置为 0，用设置好水位的高位水池来代

替水泵，其余参数都按照已知条件设置，如图 11-4 所示。

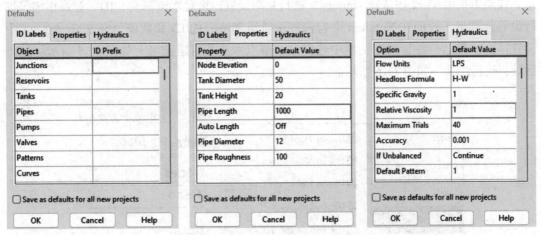

图 11-2　缺省设置

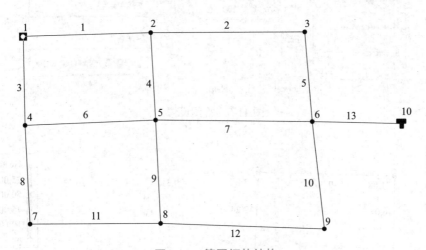

图 11-3　管网拓扑结构

Pipe 4	
Property	Value
*Pipe ID	4
*Start Node	2
*End Node	5
Description	
Tag	
*Length	400
*Diameter	150
*Roughness	130
Loss Coeff.	0
Initial Status	Open

Junction 2	
Property	Value
*Junction ID	2
X-Coordinate	-929.779
Y-Coordinate	8166.450
Description	
Tag	
*Elevation	0
Base Demand	31.6
Demand Pattern	
Demand Categorie	1

图 11-4　属性编辑器

④ 软件运行：点击菜单条中 Run 的图标即可运行，可得到管段流量、节点压力等信息。在菜单条的 View 中选择 Options，进行视图设置，可对水流箭头、ID、管线粗细等进行设置。这里，我们在 Notation 中勾选显示管道和节点的 ID 和数值，在 Flow Arrows 中设置箭头。最后，在管网浏览器中选择显示节点水头和管道流量，如图 11-5 所示。运行后可得运行结果，如图 11-6 所示。

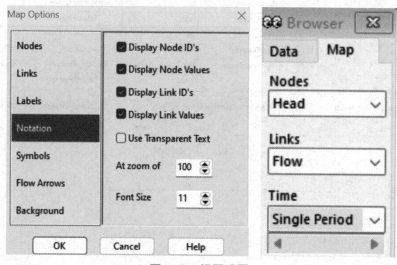

图 11-5　视图设置

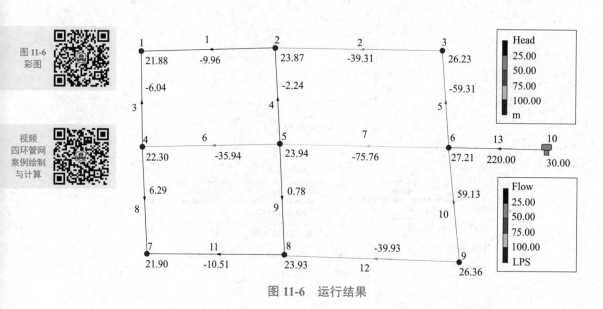

图 11-6　运行结果

⑤ 数据分析：在菜单条的 Report 中，可看到节点、管段等组件的详细数据。在延时模拟中，可选定某个组件，并在这里看到其压力、流量等参数的逐时变化曲线图。如图 11-7 所示，为 Table 栏中所能查看到的管段情况，包括流量、流速等信息。

Link ID	Length m	Diameter mm	Flow LPS	Velocity m/s	Unit Headloss m/km
Pipe 1	760	150	-9.96	0.56	2.62
Pipe 2	850	250	-39.31	0.80	2.77
Pipe 3	400	150	-6.04	0.34	1.04
Pipe 4	400	150	-2.24	0.13	0.17
Pipe 5	400	300	-59.31	0.84	2.44
Pipe 6	700	250	-35.94	0.73	2.35
Pipe 7	850	300	-75.76	1.07	3.84
Pipe 8	350	150	6.29	0.36	1.12
Pipe 9	350	150	0.78	0.04	0.02
Pipe 10	350	300	59.13	0.84	2.43
Pipe 11	700	150	-10.51	0.59	2.90
Pipe 12	850	250	-39.93	0.81	2.85
Pipe 13	410	400	220.00	1.75	6.82

图 11-7　数据分析表

2. WNTR 库基本调用命令说明

WNTR 库 是 基 于 EPANET 软 件 开 发 的 Python 库，能 够 兼 容 EPANET 2.00.12、EPANET 2.2 版本，可直接导入由这两个版本保存的 INP 格式文件，可通过输入指令调用其内置函数，在 Python 程序中直接实现 EPANET 中的工况模拟、水质分析、延时模拟等功能，WNTR 还具有应用程序接口（API），可更方便的修改操作，这也是本章选择 Python 语言编程的原因之一，下面对 WNTR 库的一些基本功能作以介绍：

① 导入 INP 格式文件与打印管网结果：

```
import wntr # 导入 WNTR 库
wn = wntr.network.WaterNetworkModel(r' 这里输入文件名和地址 ')
# 传入 .inp 文件生成管网模型，命名为 wn

print(wn.node_name_list)# 打印节点名称 ( 包含水库和水池 )
print(wn.link_name_list)# 打印管段名称
```

② 对命名为 wn 的管网进行计算并保存结果。这里，可选择使用 WNTRSimulator 或 EpanetSimulator 进行模拟计算，其中，WNTRSimulator 不能进行水质模拟，但可定义独立的漏损点。通常情况下，两款模拟器的计算结果差别不大：

```
sim = wntr.sim.EpanetSimulator(wn)
#  sim = wntr.sim.WNTRSimulator(wn)
results = sim.run_sim()
```

③ 输出某节点或管段的时间序列值，比如，输出节点 1 的压力值时间变化：

```
pressure = results.node[ 'pressure' ]
```

```
pressure_at_node1 = pressure.loc[:,'1']
print(pressure_at_node1)
```

④ 修改组件的属性或添加新的组件，默认采用国际单位制：

```
wn.add_junction('15', base_demand=0.05, elevation=50)
# 添加一个节点 '15'，基本需水量为 50L/s，标高为 50m


wn.add_pipe('20','node1','node2', length=100, diameter=0.450, roughness=100)
# 添加一根管段'20'，起始和结束节点为 'node1' 和 'node2'，长度为 100m，管径为 450mm，
粗糙系数为 100


# 将管道 '10' 的材质改成 PVC
pipe = wn.get_link('10')
pipe.material = 'PVC'


# 采用循环语句，将管网 wn 中每根管的管径都乘以 0.9
for pipe_name, pipe in wn.pipes():
    pipe.diameter = pipe.diameter*0.9
```

3. 需水量模式说明

在设置管网的节点流量时，通常采用需水量驱动模型（DD/DDA），在该模型中，节点流量（需水量）为定值，管网中各节点压力取决于节点流量，通过已确定的节点流量，来进行流量分配和管网平差，再根据各管段的水头损失来推算各节点压力，这是给水管网传统的计算方法，符合给水管网的正常运行工况。

然而，当管网由于消防、检修、管道漏损等情况出现局部低压时，这些区域节点的实际需水量往往达不到设计需水量，这时，采用压力驱动模型（PDD/PDA）进行计算则更为合理。压力驱动模型如式（11-10）所示，在该模型中，节点流量随着节点压力的波动而变化，存在最高压力限值和最低压力限值，当节点压力≥最高压力限值时，节点需水量和正常情况一样；当节点压力≤最低压力限值时，则认为出现了停水情况，节点需水量为 0；当介于两者之间时，按照式（11-10）计算：

$$q_{D_i} = \begin{cases} D_i & p_i \geqslant P_f \\ D_i \left(\dfrac{p_i - P_0}{P_f - P_0} \right)^{\mu} & P_0 < p_i < P_f \\ 0 & p_i \leqslant P_0 \end{cases} \quad （11-10）$$

式中　P_f / P_0——最高 / 最低压力限值；

　　　　D_i——节点需水量；

　　　　p_i——当前节点压力；

　　　　μ——压力函数指数，通常设置为 0.5。

在 EPANET 2.2 版本和 WNTR 库中，都可选择使用需水量驱动模型（DD）或压力驱

动模型（PDD）进行计算。例如，在 WNTR 库中，可通过下列语句来选择驱动模型，不添加该语句则默认为需水量驱动模型：

wn.options.hydraulic.demand_model = 'DD' # 需水量驱动模型

wn.options.hydraulic.demand_model = 'PDD' # 压力驱动模型

在 EPANET 2.2 版本中，管网浏览器的 Options >> Hydraulics 里添加了驱动模型选项，可同时设置式（11-10）中的各项参数，如图 11-8 所示。

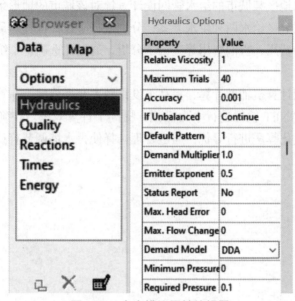

图 11-8　水力模拟属性编辑器

现代给水管网的设计计算和运营管理离不开计算机技术，给排水科学与工程等专业人员在深入了解和掌握专业知识的基础上，需强化相关计算机技术的学习，使计算机技术在给水管网领域发挥更大的优势，实现给水管网的智慧运行。

课 程 设 计

    课程设计为西北地区某城市的给水管网设计。针对该城市的地形条件和分区情况，给出了统一给水和并联分区给水两种供水方案，分别进行了设计计算。最后通过技术经济计算对基建费用、动力费用、折旧费用等进行了分析，通过比选确定了统一给水方案为最终选定的方案。

    课程设计中使用计算机辅助计算，提高了设计效率与准确性。在管网水力计算中，本课程设计采用了 EPANET 软件进行水力模拟，提高了计算效率。在确定一、二级供水线时，采用了粒子群优化算法进行寻优，通过合理选择使得水塔调节容积最小，减少了建设成本。

扫码下载
课程设计
计算书

视频
统一给水
方案课程
设计案例

课程设计
全部图纸

主要参考文献

［1］严煦世，高乃云，范谨初. 给水工程［M］. 5版. 北京：中国建筑工业出版社，2020.

［2］严煦世，刘遂庆，龙腾锐. 给水排水管网系统［M］. 3版. 北京：中国建筑工业出版社，2014.

［3］赵洪宾. 给水管网系统理论与分析［M］. 北京：中国建筑工业出版社，2003.

［4］李树平，刘遂庆. 城市给水管网系统［M］. 北京：中国建筑工业出版社，2012.

［5］彭永臻，崔福义. 给水排水工程计算机应用［M］. 2版. 北京：中国建筑工业出版社，2001.

［6］何维华. 城市供水管网运行管理和改造［M］. 北京：中国建筑工业出版社，2017.

［7］赛德拉克. 水4.0［M］. 徐向荣，译. 上海：上海科学技术出版社，2014.

［8］中华人民共和国住房和城乡建设部. 城市给水工程规划规范：GB 50282—2016［S］. 北京：中国建筑工业出版社，2016.

［9］中华人民共和国国家卫生健康委员会. 生活饮用水卫生标准：GB 5749—2022［S］. 北京：中国标准出版社，2022.

［10］中国中元国际工程公司. 消防给水及消火栓系统技术规范：GB 50974—2014［S］. 北京：中国计划出版社，2014.

［11］中华人民共和国公安部. 建筑设计防火规范：GB 50016—2014［S］. 北京：中国计划出版社，2014.

［12］中华人民共和国住房和城乡建设部. 室外给水设计标准：GB 50013—2018［S］. 北京：中国建筑工业出版社，2018.

［13］中华人民共和国住房和城乡建设部. 建筑给水排水设计标准：GB 50015—2019［S］. 北京：中国计划出版社，2019.

［14］中国建筑设计院有限公司. 旅馆建筑设计规范：JGJ 62—2014［S］. 北京：中国建筑工业出版社，2014.

［15］中南建筑设计院股份有限公司. 商店建筑设计规范：JGJ 48—2014［S］. 北京：中国建筑工业出版社，2014.

［16］中华人民共和国住房和城乡建设部. 综合医院建筑设计规范：GB 51039—2014［S］. 北京：中国计划出版社，2015.

［17］中国城镇供水排水协会，北京市自来水集团有限责任公司. 城镇供水管网漏损控制及评定标准 CJJ 92—2016［S］. 北京：中国建筑工业出版社，2016.

［18］中华人民共和国住房和城乡建设部. 消防给水及消火栓系统技术规范：GB 50974—2014［S］. 北京：中国计划出版社，2014.

［19］卫生部职业卫生标准专业委员会. 工业企业设计卫生标准：GBZ 1—2010［S］. 北京：人民

卫生出版社，2010.

［20］中华人民共和国住房和城乡建设部. 城市给水工程规划规范：GB 50282—2016［S］. 北京：
中国建筑工业出版社，2016.

［21］给水排水设计手册［M］. 北京：中国建筑工业出版社，2004.

［22］给水排水标准图集［M］. 北京：中国计划出版社，2004.

［23］中华人民共和国住房和城乡建设部. 城镇供水管网运行、维护及安全技术规程：CJJ 207—
2013［S］. 北京：中国建筑工业出版社，2013.